[美] 本·伍德沃德◎著
(Ben Woodward)

李西敏◎译

人生的悖论与平衡

THE
EMPOWERMENT
PARADOX

北京日报出版社

图书在版编目（CIP）数据

人生的悖论与平衡 /（美）本·伍德沃德著；李西敏译 .-- 北京：北京日报出版社，2024.9
ISBN 978-7-5477-4668-4

Ⅰ.①人… Ⅱ.①本… ②李… Ⅲ.①人生哲学—通俗读物 Ⅳ.① B821-49

中国国家版本馆 CIP 数据核字 (2023) 第 204186 号

The Empowerment Paradox © 2020 Ben Woodward.
Original English language edition published by Scribe Media 507 Calles St Suite #107, Austin TX 78702, USA. Arranged via Licensor's Agent: DropCap Inc. All rights reserved.
Simplified Chinese translation copyright © 2024 by Beijing Adagio Culture Co. Ltd.
Simplified Chinese rights arranged through CA-LINK International LLC.

北京版权保护中心外国图书合同登记号：01-2024-3333 号

人生的悖论与平衡

出版发行：	北京日报出版社
地　　址：	北京市东城区东单三条8-16号东方广场东配楼四层
邮　　编：	100005
电　　话：	发行部：（010）65255876
	总编室：（010）65252135
印　　刷：	天津睿和印艺科技有限公司
经　　销：	各地新华书店
版　　次：	2024年9月第1版
	2024年9月第1次印刷
开　　本：	880毫米×1230毫米　1/32
印　　张：	8.5
字　　数：	205千字
定　　价：	59.00元

版权所有，侵权必究，未经许可，不得转载

献给我的妻子金和我们的七个孩子
伊森、乔希、艾比、山姆、托比、诺亚和奥利弗。

导言 // 01

第一部分 不寻常的人生充满悖论

第 1 章
淹没和蛰伏

赋能的核心离不开时间考验 // 008

维多利亚时代和千禧一代 // 011

时间也会伤害一切创伤 // 017

不在于环境,而在于选择 // 020

压力其实是个"副产品" // 022

怀揣学习和成长的渴望 // 025

第2章
在黑暗中重生

以勇于改变为荣 / / 033
失落和新生的时期 / / 037
压力也有积极的一面 / / 040
等待光明的出现 / / 043
没有人是一座孤岛 / / 045
追求自控的状态 / / 047

第3章
恶劣环境中生长的树苗

我们一无所有,又拥有一切 / / 053
集体的力量:在相互给予中获得 / / 055
从为他人奉献中获得价值 / / 059
自我否定的冒充者综合征 / / 062
我们是整体与部分的总和 / / 065
其他缺乏信心的表现 / / 070
关注生活中好的一面 / / 072
接受逆境对我们的改造 / / 075

第二部分 在自我赋能中成长的要素

第4章
自律之心

我们需要的不只是激情 / / 083

以渴望为先导 / / 087

行动和情绪的循环 / / 089

"缺失"教会我们的道理 / / 091

先从改变自己开始 / / 093

耕种、除草和养育 / / 096

改变是一场漫长的旅行 / / 098

谦逊是支撑我们做出牺牲的力量 / / 099

接受和奉献 / / 100

量化自己的改变 / / 102

第5章
学无止境

教育的特权与责任 / / 109

必须对自己负责 / / 112

学习过程中的阻碍 / / 114

不断地充实自己 / / 117

第6章
跟困难较劲的信念

用信念衡量自己的潜力 / / 126
充满荆棘的未知世界 / / 128
赋能与信念交织在一起 / / 130
信任自己,信任他人 / / 132
面对未知的世界时 / / 135
接受才能走好下一步 / / 138
在看似无法取胜时 / / 140
一生的旅程 / / 144

第7章
训练有素的耐心

凯勒、贝多芬和弥尔顿的故事 / / 149
发挥想象力,未来值得等待 / / 154
停止试图修正现实的妄想 / / 158
将身份带回到当下 / / 160
联结推动我们继续前行 / / 162
在既定的逆境中保持耐心 / / 163
耐心并不意味着没有情绪 / / 165

第8章
放下对过去的失望

宽容是为了更好地前行 // 173
面对宽容需要…… // 175
不要有过多的期待 // 180
事物的另一面 // 181
放弃苛刻的自我评判 // 183
摆脱"我应该……"思维 // 185
从浅水区开始 // 187
拥有长远的眼光 // 190

第9章
在努力工作中寻找意义

带着目标工作 // 197
更聪明地工作 // 200
与他人合作 // 203
承认运气的作用 // 207
当我们无法再前进一步时 // 210

第 10 章
主动妥协的勇气

妥协并不意味着放弃 / / 217
自我与扭曲的自我认知 / / 218
沉没成本和对现状的扭曲 / / 220
练习妥协 / / 223
快乐的小偷和妥协的敌人 / / 225
不必害怕失去 / / 228
妥协的喜悦 / / 230

结语 / / 233
接受悖论 / / 236
好好体验生命中的不同时期 / / 238

后记 / / 241
需要我们思考的 30 个悖论 / / 242

致谢 / / 245

关于作者 / / 249

我有一间图书室，里面摆满了心理自助类图书，其中一些是我在追求更强大的力量时收获的；在与困难做斗争及生活陷入困境时，我都会从书中寻求更多的帮助。有一段时间，只要有图书能给我提供指导，我就会拼命地阅读，以求能在面临挣扎时找到生命的意义。

最近我的书架上多了一本新书，就是乔丹·彼得森（Jordan Peterson）的《人生十二法则》（*The Twelve Rules for Life*）。作者在书中指出，与其说生活是一场快乐的修行，不如说它能指导我们如何面对磨难。

长期以来，人们一直在思考：在人生阅历和个人成长中，是享受快乐更重要，还是经历磨难更有分量？是否应该重其一，轻其二呢？

彼得森博士告诉我们，人生的目标应该围绕如何在逆境中寻求发展而展开——事实上，这两者并不矛盾。人生的意义来源于快乐和痛苦，二者不可分割，都真实地反映了这个世界，因为它们是一枚硬币的正反两面。

追求快乐有一定的意义，但人生的意义也离不开挫折和冒险。显然，生活的意义和目标实际上与快乐和痛苦密不可分。快乐和痛苦都可以单独拿出来分析，但为了充分实现生命的价值，它们又必须作为一个整体来体现。

我生命中的第二件好事

快乐和痛苦的相互联系是幸福生活中的众多悖论之一，我朋友就是一个例子。

我和安迪·巴特沃思（Andy Butterworth）一起工作了几年，在此期间，他对生活的看法引起了我的兴趣。他的生活非常充实，包括但不限于曾经的军旅生活、两次马尔维纳斯群岛之旅、在 IT 行业落地生根及幸福美满的婚姻。

然而，具有讽刺意味的是，他在军队服役期间，一次意外摔伤导致脊柱骨折，从此伤痛伴随他的余生。由于身体负伤，他走路经常需要拄拐，有时还需要坐轮椅。医生复位了他的脊柱断面，修复了他身体的大面积损伤，但他的病症并没有好转，有时候反而更加糟糕。他结婚时全身打着石膏，就这样进入了离不开他人照顾的全新生活，这也彻底改变了他的人生。

我曾经问他，这种痛苦要多久经历一次。

"每天都经历着。"他说。

"那你现在痛苦吗？"

"痛苦。"他回答道，却仍然像往常一样镇定自若。

我继续追问，他告诉我，他感觉自己的双脚和双腿像着了火一样，而这是目前他的常态。他有时感觉自己可以控制，有时又感觉非常痛苦。在那些日子里，他经常待在家里远程办公，因为家里相对来说更舒适一些。

他还告诉了我一件让我非常惊讶的事："我渐渐觉得，脊柱骨折是我生命中的第二件好事——第一件好事是遇见我的妻子，并与她结婚——它将我塑造成了一个我原本不可能成为的人。"

困难的考验磨平了他的棱角，他不再是多年前参军时的那个孩子了。我注视着我的挚友，他每天和我一起工作，但我却很难想象他每天要克服多少困难。回想起我在遭受困难时的所作所为，我才体会到，在人生的至暗时刻，一个人的成长会释放出如此大的能量。

我并不是想通过我朋友的故事来建立任何痛苦的等级。他的故事之所以引人注目，不是因为他为此付出了多少心血，而是因为他应对困难的态度。

我们要认识到一点，承受千钧重负不一定会换来凤凰涅槃，而经受磨难也不一定会带给我们收获。一些人可能会在相对优渥的环境中挖掘出一定的性格潜力，而另一些人的能力可能会在漫长而高压的痛苦中被淹没，最终被打败，还有一些人可能会在相对微小的压力下奄奄一息。

这也是大家都不愿意看到的现实：大多数人不愿意改变，当问题本身带来的痛苦超过解决问题的困难时，才开始思考如何去改变。我认为，我们不能撞上所谓的"南墙"才想到回头，人生也不存在痛苦如此巨大以至于快乐遥不可及的不归路。

有时候，我们会在自己制造的逆境中获得成长；有时候，我们会在自己无法掌控的环境中获得锻炼；还有些时候，我们能通过学习别人的经验获得成长。

我的妻子通常属于第三种情况，这一点让我非常羡慕，因为我的大部分经验和教训都是靠自己的实践总结出来的。事实上，我们每个人在生活中都会面临某种程度的逆境。如何冲破逆境，事关我们的性格特征、学习素养、理解能力及当下的环境，而且每个人采用的方法都是独一无二的。我们如何成长，如何面对生活中的挑战，完全取决于我们的观念。如此一来，无论我们面对什么样的生活，都有望达到我朋友那样出色的境界：格局广大，能力超群。

赋能并不取决于环境

尽管环境会直接影响我们获得力量和自我赋能，但是赋能并不取决于环境，这便是赋能悖论。生活的特点是充满快乐和痛苦、妥协和渴望、知识和信念，是对过往经历的感激与接受，是对未来的执着与期待。

有一位睿智的 CEO 曾对我说："我从生意场上领悟了一条规律：

你总是在和危机纠缠，要么正在陷入危机，要么正在走出危机。如果你笑了，我知道你即将面临什么。"

然而，假如有人让我们设想一个更加幸福的未来，那么通常是一个无忧无虑的未来。我们来想象一种情绪稳定的状态：我们有足够的财富，不需要为未来担忧；我们有良好的人际关系、广泛的社会资源；我们的身体状况处于最佳状态。我们拥有一种完美而令人羡慕的工作与生活的平衡，我们就是一切美好事物的化身。

虽然对幸福的憧憬消除了我们的压力，缓和了我们的紧张，但正是现实生活中那些不顺心的事情，才使得幸福、美满和快乐成为可能。或者说，如果我们忽视了追求幸福，那么我们就可能只顾着低头奋斗，从而失去了所有的希望和快乐。

实际上，这两者我们都需要，它们是同一现象、不同反映的共存状态。奥运会选手的喜悦，只有付出了时间和精力，克服了伤病和挫折，最终在领奖台上收获冠军奖牌的人，才能完全理解。他们胜利的喜悦与艰辛的付出成正比；他们冲过终点线时的兴奋与平日里刻苦的训练相伴而生。同样地，对于曾经经历了分手和失落、体验过天崩地裂和悲痛欲绝的人来说，深陷爱河的感觉也要比他人强烈得多。

观念能决定一切。

1999年12月31日，年轻人庆祝着新世纪的到来，所有的媒体都在报道，这场盛大的全球庆祝活动几乎让所有人都印象深刻。但是老一辈人的观点却截然不同。我妻子的奶奶非常明智地承认：

> 我见过的最盛大的庆祝活动是宣布第二次世界大战结

束时举办的。当时一听到这个消息，所有人都不约而同地走到街上。那种情绪真是不言而喻、来势凶猛。我永远不会忘记那一刻，那才是真正值得庆贺的事！

我妻子的奶奶曾在战争中失去了姊妹，又被迫和丈夫分开，她在一家弹药厂工作的时候被炸出了窗户。经历了战争的残酷，她能更深刻地感受到战争结束后大家的喜悦。

追求幸福是高尚的，因为幸福来自对挫折的接受，而成长是从挫折中磨炼出来的。同样，我们梦寐以求的品质也很复杂，因为我们的奋斗充满复杂性。而且成长需要时间，就像一棵树需要一个逐渐成熟的过程，需要经历许多个春夏秋冬，才能开花结果。

不是所有人都会像我的朋友那样承受着持续的伤痛，余生都生活在无休止的痛苦中；也不是所有人都会像我妻子的奶奶那样经历过战争的残酷，但我们可以在遭受的痛苦中获得成长，在其中找到快乐。

让我们摆脱束缚的品质

无论是与疾病抗争、处理紧张的人际关系，还是面对最后期限的压力、解决客户的问题，抑或化解持久的创业风险等，我们都希望挫折可以少一点，这是人之常情。如果我们接受了现实社会中的危机，就能更充分地体会其中的快乐。13世纪的诗人莫拉维·贾拉鲁丁·鲁米（Molana Jalaluddin Rumi）有一段至理名言：

悲伤让你准备好迎接快乐的到来。它粗暴地把你房子里的东西都扫出来，好让新的快乐能够入住。它摇晃着你心中的枯叶，好让新鲜的绿叶在属于它们的地方生长。它一把拽起腐烂的根茎，好让隐藏在地下的新根得以生长。无论你内心有何悲伤之事，更好的事情总会将其取而代之。

我认为，随着时间的推移，有七种重要的品质可以帮助我们摆脱过往的束缚，迎接未来的成长。这七种重要的品质分别是：

1. 自律
2. 受过教育的思维
3. 怀抱信念
4. 训练有素的耐心
5. 放下过去
6. 努力工作
7. 主动妥协

我们将在本书第二部分详细探讨以上七种品质。届时我们会发现，培养这些品质不是简单的任务，也不是通过单独的若干阶段就能实现的。每一种品质都会引导我们通向下一种品质，每一种品质又可以回溯到上一种品质。事实上，挫折具有重复性和持久性的特点，它往往能帮助我们巩固经验，让教训更加深刻。

培养这些品质需要自我反省，需要我们走出舒适圈。但其中也有快乐的一面：每一分收获都会影响我们生活的方方面面。我们会成为更优秀、自律的人，更体贴、细心的配偶或伴侣，更懂得负重前行的父母，更强大的企业家，更明智、聪慧又体恤员工的领导者，更吃苦耐劳的员工，自己真正想成为的人，自信坚强、具有远见卓识的人。没错！无论我们今天身处何地——这些品质都会让我们准备好在悲伤中播种快乐，成就更完美的自己。

是被埋葬，还是被播种？

经常有人问，如何才能绕开眼前的苟且，着眼于未来，培养这些品质呢？怎样才能拥有足够的力量跨过重重难关，同时又坚信它们是在我们身边盛开的最美的花朵呢？这种力量来源于我们观念的改变。你选择被孤零零地埋葬，还是像种子一样心存意念、怀揣无限潜力被播种，二者有很大的差别。

以前我经常和同事用"埋葬"这个词来调侃环境带给我们的巨大压力，尤其是工作环境。大量工作堆压在我们身上，我们感觉自己像是被淹没了，被大雪埋葬了。如果我们花时间仔细琢磨一下，就会被压得更喘不过气来，可能会感到手足无措，而能够用来表达我们当下心情的只有失望或绝望等词汇。

以大自然为例，我们会发现一粒种子只有被种到地下，被泥土掩埋，才能从土壤中汲取养分，全力生长。一颗树种只有从树上掉下来，才会获得生长的机会。也就是说，它需要被环境掩埋，才能扎根。

对我们来说也是如此。那些掩埋我们的逆境，可能正是我们成长和扎根所需的条件，也许更深层次的挣扎有其潜在的意图，旨在帮助我们成为更好的自己，同时打下更强有力的根基。

这就是我将在本书中构建赋能悖论的背景，因为如果想让生命有意义，就必须得让困难有意义。时间可以治愈一切伤痛，但时间似乎也会伤害一切创伤。我们无法逃避痛苦，但如果我们以耐心、谦逊的姿态接受环境，也会从中发现快乐。

当你身处黑暗之境地、被掩埋在阴影中时，我希望你把自己看作种子，而不是在痛苦中感到孤立无援；我希望你能从这些品质和教训中汲取养分，而非固守成规、一成不变；我希望你能感受到被播种的意念，敞开胸怀，拥抱生活的无限可能。

挑战成就了人生的强大

我现在过的生活不是我所期望的。比如，我与我的父亲分离了很多年，也不打算与他再次相聚，不料我发现他犯罪了，出于伸张正义的立场，我必须揭发他。没有人想把自己的父亲送进监狱，但这就是生活对我的要求。

在我的职业生涯中——从做设计工作到做管理工作，从主管全球性公司到向打算转型（或好或坏）的公司提供咨询——我收获了巨大的成功，同时也遇到了巨大的挑战，所有的一切都需要我学习和适应，以便更好地顺应环境的要求。我将在接下来的章节中分享其中一些故事，包括我童年时的成功和失败，还有在生活和事业中遇到的挑战和获得的成就。

  我向大家分享这些故事，是为了探究我们所做的选择，并回答一个棘手且重要的问题：我们应该如何对待我们的生活？

  我们是想让困难和挫折带来的压力抽光我们的养分，然后枯萎并死亡，还是想在我们被播种的地方生长呢？这个问题无解。不管我们有多么出色的管理能力，生活中总有些事情让我们无法假手旁人，一旦我们意识到生命只有一次，成长机会也只有一次，我们就有动力成长为更好的自己。

  我说这些的前提是在欢乐和痛苦的共同促进下，我们可以成为更好的自己，而不是我们必须经历困难，也不是必须寻求一种没有困难的生活。到最后，也许本书会像我收藏的其他作家的书一样出现在他人的书架上，书上会有折角和批注：人生不因逆境而伤痛，只因逆境而更强大。

第一部分
不寻常的人生充满悖论

那棵树从不需要争抢,
就能坐享阳光、蓝天、空气和曙光,
在那广阔的平原,
总有充足的雨露陪伴,
但它无法成为森林的首领,
生死轮回,听天由命。

那个人从不需要辛勤劳作,
就能拥有一方土地播种,
他也从不需要赢得自己,
阳光、蓝天、空气和曙光,
他无法成为一个真正的人,
前有险阻,生死未卜。

良材并非生于安乐;
强风筑就它的巍峨;
天高成就它的挺拔;
暴雨练就它的强大。
阳光中、冷风中、雨水中、雪地中,
人和树茁壮成长,郁郁葱葱。

在密林深处,
住着树与人的先祖,
他们同星辰日月交流,
它们的断枝露出风雪,
天地之间风雨历程,
皆为良材的生活明灯。

——道格拉斯·马尔洛赫(Douglas Malloch)《良材》(*Good Timber*)

第1章
淹没和蛰伏

接受我们所处的环境，从中汲取能量，再去挑战它。

我们的第6个孩子出生后,我的妻子有生以来第一次患上了产后抑郁症。她直接去找医生帮忙,当然,这个问题不可能很快得到解决。她还要熬过很多个漫漫长夜,其间也少不了焦虑、抑郁和失眠。我对此颇有经验,这让她感到十分惊讶。我从书架上拿出几书本,指着书中那些老生常谈的观点给她看。对于她的状况,我感同身受。我向她分享了当类似的想法困扰我时我努力应对的方法。我还录了一些音频,让她在深夜最压抑却又不忍心叫醒我的时候听。

我很理解她的抑郁情绪。

"本,"有一天她问我,"你怎么会知道这么多?"

我耸了耸肩,说:"这种感觉断断续续地伴随我约7年时间了。"

她这才知道我这么多年来独自承受了如此多的痛苦,于是拉着我去看医生。

抑郁情绪起起伏伏持续了很长时间,它成了我生活的常态。在我看来,没有必要去看医生,因为我相信我能照顾好自己,我觉得这是自己的问题,没有理由去打扰别人——我的妻子甚至都不知道发生了什么事。

当我的情绪像钟摆一样摆到另一边时,我感觉很棒,不想从中抽身;当情绪稳定的时候,我觉得自己不需要任何帮助。我可以将这种

第1章
淹没和蛰伏

处于低点的情绪掩盖足够长的时间，直至重回情绪的高点，掩藏住所有的情绪波动。我认为我在独处的时候也可以管理好自己的情绪。

然而，在得知英国一位足球教练自杀后，我才意识到自己的人生可能走向何种结局。

随着新闻报道的扩散，电视台转播了这位教练患有重度抑郁症的消息，人们迫切希望继续爆料一则大新闻——这让人心碎。他们希望看到足球教练是由于一些不为人知的隐私，比如受到了敲诈而无法逃脱——毕竟他的工作那么光鲜亮丽，总给人一种轻松愉悦的感觉，而且他的工作也完成得很出色。在出事的前一天晚上，他出席了一场慈善活动，并乐在其中，在社交场合他游刃有余、笑容满面。但是，对于他的英年早逝，媒体并没有爆出另一则大新闻，相关的报道只有他曾与心理健康做过持久的斗争。

他的斗争也是我的斗争。

我想起了自己最近参加的活动。如果那部新闻短片的焦点是我，他们也可以拍摄出一段类似的社交活动短片，因为我也可以表现得游刃有余。我经常以激励者和教育者的身份出现在舞台上，让观众在欢笑与泪水中获得鼓舞。我的事业蒸蒸日上，婚姻幸福美满，孩子们活泼开朗，我们共同生活在一个其乐融融的家庭中。我曾环游世界，身强体壮，在大家的眼中，我似乎徜徉在美好的生活中，但在我的内心深处，我感觉自己已日薄西山。

这是我第一次意识到自己身处险境。我和这位教练没有什么区别，我需要获得可以真正拯救自己生命的帮助。

可是很不幸，许多心理健康诊断都需要花费大量的时间进行反复试验，不仅需要经历减轻症状的诊断期，还需要找到有效的药物，更重要的是剂量要适当。验证每一种新药的稳定性和副作用都需要花费一定的时间，接着要进行评估，如果需要调整，就要重新做试验。五年来，我一直被误诊为慢性抑郁症，后来，我才被查出患了双相情绪障碍Ⅱ型（bipolar disorder type Ⅱ），这让我对自己的身体和大脑有了准确的认识。更重要的是，我找到了治疗和康复的途径。

了解双相情绪障碍的本质，有助于我更好地欣赏生活中的起起落落。我的生活中总有那么几天比较反常，令我手足无措、身心俱疲。那几天是我的黑暗期。而糟糕的一天也会给我带来一种奇怪的感觉，我开始把这种感觉从黑暗期中分离出来。我和妻子把这种抑郁症称为"躁郁双低（bipolar low）"。它摧毁了我的一切希望，打压了我所有的动力，因为它，我觉得生活失去了目标。

我的妻子金学会了这样问我："你现在情绪低落吗？你现在'躁郁双低'吗？"或者问我："你还好吗？你躁郁的情况怎么样了？"而我岳母的担忧则有点不同："我们怎样才能知道哪个是真正的你，哪个是躁郁的你？"

其实，两个都是我。这就是我的命，我最终以一种现实的方式接受了它。那些年我独自承受了一切，我根本没有主动接受，而是听天由命。而金以一种现实的方式接受了自己的处境，接受了需要自己努力克服的挑战。但是在很长一段时间里，我始终觉得，我应该要么忽视这种心理疾病，要么接受它带给我的影响。

与其努力把生活扭转成自己希望的那样，我更倾向于不如真正接受自己的生活，在此过程中，躁郁症仿佛给我带来了"超能力"。经

第1章
淹没和蛰伏

历了这么多之后，我的共情能力大大提升。在他人遇到挫折时，我变得更有耐心了，像《土拨鼠之日》(Groundhog Day)里的比尔·莫瑞一样，我体会到了他们的痛苦与希望、失望与释然，而且我现在比以往任何时候都能更好地管理自己的情绪。以上这些都是疾病教会我的，即使它给我的生活带来了黑暗，但任何东西都无法替代它。

只要我执意于自己期待的生活，我就会感到压力巨大、无力承担、奄奄一息，总想让疾病离我远一点，但总是徒劳无功。随着时间的流逝，这一想法离我越来越远，我也有所成长。现在我明白了，我就像被种在土里一样，静待开花结果，从自己的过往经验中汲取养分，为自己的茁壮成长增肥加料。

这是让我变得更强大的第一步，也是至关重要的一步。我们要培养让自己更优秀的品质，在此之前，必须先面对黑暗，拥抱并欣赏它带给我们的价值，还要接受现实——而不是去解读自己偏爱的现实。

> 我愿用毕生的财富、逐渐老去的生命，换取那个夏日的暖晴，重回一次孩提时代。
>
> ——刘易斯·卡罗尔（Lewis Carroll），《孤独》(Solitude)

赋能的核心离不开时间考验

一个没有经历过治疗的精神病患者，会产生深深的绝望，而经历悲伤情绪、创伤后应激障碍、晚期诊断，或者任何身体和情绪创伤的人，也会产生同样的感觉。这种感觉是治愈希望的真正"拦路虎"，声势浩大，来势凶猛。

有时候，我会产生自杀的想法，那一刻甚至连具体的细节都想好了。有时候，轻度躁狂症发作，又将我带入另一个极端，让我失去控制。但我有我的经历，你有你的体验。挫折没有临界点，它不会提示我们它"符合"挫折的条件，而且也没有哪种挫折会大到使你无法融入积极的生活。所以，问题不在于我们所处的环境，而在于我们如何应对它。

患上双相情绪障碍，不是我所希望的，也不是我能左右的，却是我听到的最激动人心的消息之一。面对痛苦，起初我感到迷惘沮丧，失去方向，但现在我能通过自己的学识预判它何时出现。我学会了如何用语言表达这种感受，语言也给了我回应这种感受的意义和方向。例如，我能认识到自己犯病的触发因素，并能开始从一个方向寻找它发作的早期迹象，等等。我对自己的情况了解得越详细，就越能控制

第 1 章
淹没和蛰伏

好自己,随着我控制好自己的情绪,我也能控制自己的生活了。

我有了一种从痛苦中解脱的感觉,但同时也意识到痛苦不会就此结束。无论我多么虔诚地祈祷它赶快离去,我的愿望都无法产生新的局面。为了管理自我并让身体康复,接受和妥协是我的唯一出路。

一位精神病学家曾对我说过一句话,我觉得很在理,他说:"本,自我教育无法让你摆脱这种状况,它会伴随你一生。所以,接下来你打算怎么做?"

面对逆境的风浪,我们可以选择任其摆布、随波逐流、迷茫困惑、失去控制,做命运的牺牲品,做环境的受害者。我们也可以选择继续忽视自己的应激源,然后有一天在壮观的悲剧中崩溃。但是只有直面应激源,从中学习,并将其融入自己的生活,我们才能解锁它们带给我们的好处。

> 选择接受环境,往往能把我们经历的最大困难转化成我们的"超能力"。

我相信,随着时间的推移,我们积累的经验会越来越丰富,我们可以选择如何从周遭的环境中获得成长,并为自己所处的环境负责。我们可以从淹没自己的东西中汲取养分,就像种子从土壤中汲取养分一样,即使被赋予力量的生命尚未结出果实,我们也知道它正在成长。

请务必明白:即使我们所受的挫折是我们无法控制的人或事物带给我们的,为我们所处的环境负责也并不意味着要干涉他人的选择权。在大多数情况下,埋在土里的种子无须明白自己是怎么被种在这里的。

对我们的生命负责,就是一旦我们认识到了自己的处境,就要选择接受我们所做的一切。

同样,个人赋能的核心离不开时间的考验。一棵树苗无法在一夜之间长成参天大树,也无法在一年时间内开花结果,如果我们拔苗助长,就会错失时间和耐心带给我们的果实。

如今,流行文化过多地投资于快速的解决方案。当代的许多大师倡导追求财富,他们坚信,建立在财富基础上的无忧无虑的生活将带来幸福和有意义的生活。我们渴望"快餐文化",渴望短时间的锻炼,我们想要一条通往目的地并实现赋能的捷径。但是,想让生活有意义,想拥有良好的品质,就要付出代价——其中最重要的就是时间。答案不会马上获得,因为获得它需要在逆境中磨炼。

逆境给予我们生活经历,而经历培养我们的耐心,促进我们成长。当新的挫折出现时,我们就能更好地面对它,并朝着我们有潜力成为的样子发展,这样就形成良性循环。

所以,恐怕我传递的观念与当下普遍流行的文化相悖。我不提倡用快速或程式化的方式去解决问题,也不主张为了功成名就而做无谓的牺牲。我的观点经得住时间的考验,只要你选择接受环境,那么无论是身处逆境还是顺境,都会平稳地度过。

维多利亚时代和千禧一代

就像憧憬毫无压力的未来一样,我们也会怀揣着类似的理想主义回忆童年。我们会觉得那是一个纯真而可爱的时代,无忧无虑、自由自在。刘易斯·卡罗尔也说:"我愿用毕生的财富、逐渐老去的生命,换取那个夏日的暖晴,重回一次孩提时代。"通常情况下,我们会把童年与更愉快的生活方式联系在一起。

我们成长道路上要过的第一关,就是认识到这种理想主义不符合现实。从心理学和科学的角度讲,童真的概念是模糊的、摇摆不定的;从发展的角度讲,童年应该是什么样的,也没有一个标准答案。相反,我们对童年的认识是受不同时代的文化影响而形成的,它随着我们年龄的增长而变化。

到了19世纪中叶,人们对儿童的包容增强了。童年是一段自由自在、富有创造力、天真烂漫、幸福洋溢和纯真无邪的时光。成年人担负的责任是保护孩子的纯真不受外界影响,使他们尽可能长时间地远离世俗、悲剧、痛苦和考验——至少对于富裕家庭的孩子来说,可以拥有这项特权,后来这项少数人才拥有的特权也作为标准得以普及。

维多利亚时代的文学作品反映了这些思想,从查尔斯·金斯莱（Charles Kingsley）的《水孩子》(Water Babies) 到乔治·麦克唐纳（George MacDonald）的《北风的背后》(At the Back of the North Wind)，当然还有刘易斯·卡罗尔写于 19 世纪 60 年代的《爱丽丝梦游仙境》(Alice's Adventures in Wonderland)，一直到詹姆斯·马修·巴里（James Matthew Barrie）的《彼得·潘》(Peter Pan)。这些故事之所以至今仍影响着我们，也许是因为我们想要间接逃离成年人的世界，重返那个能在庇护下无忧无虑地成长的童年。如果我们能永远保持童年的状态，如果我们能卸下责任、不用面对挫折，那么我们的生活会美好得多，对吧？

可是我们再也无法回到童年的"家"。尽管我们很想拥有一种没有压力的生活，但是我们永远回不去那个简单纯粹、有人为我们遮风挡雨并全力支持我们的童年了。想拥有收获，就必须付出。换句话说，学会放下是成长中必须上的一课——这一刻，我们要放下天真。

首先，工人阶级的童年与富人阶层的童年大不相同。其次，尽管我们非常渴望相反的情况发生，但现实就是这样，大多数孩子远非没有压力。维多利亚时代的观点往往建立在逃避现实而不是描述现实的基础上。正如金伯利·雷诺兹（Kimberley Reynolds）在给英国国家图书馆（The British Library）的撰文中所写的那样："维多利亚时代的幻想文学中有一种明显的倾向，就是让儿童角色在这个世界上消亡，以获得重生……或者让儿童去往某个永远不会长大的地方……"而贫穷的孩子无法进入大众的视野，或者"被写进文学的密码里"。①

如果我们固守维多利亚时代那种对于童年的理想,那么结局一定会令我们心灰意冷,我们必须坚持基于不同阶级的双重标准。

仅在美国,就有约43%的儿童生活在低收入家庭,其中约21%的家庭收入低于联邦政府规定的贫困线。②如果这些孩子得知童年应该是天真烂漫、无忧无虑的,不用为任何事苦恼,也不会遇到任何挫折,他们会是什么感受呢?虽然现在不像维多利亚时代那样存在阶级歧视,但仍有近半数的孩子担负着为了一家人吃饱穿暖而奋力打拼的压力。这说明了什么?

在12至18岁的少年中,约20%的少年受过欺负,约30%的少年承认曾欺负他人,70%以上的少年曾目睹霸凌行为。③美国有近1900万儿童生活在单亲家庭。④离异家庭或单亲家庭的影响意味着,孩子与父母在一起的时间较少,家庭经济难以获得保障,贫困率有所增加,家庭的安全感丧失,社会成熟度和心理成熟度有所下降,等等。⑤孩子第一次接触色情作品的平均年龄是11岁,约94%的儿

---

① 金伯利·雷诺兹,《儿童观》(*Perceptions of Childhood*),英国国家图书馆,2014年5月。——本书注释除特别标注外,均为作者注

② 美国国家贫困儿童中心(National Center for Children in Poverty),《儿童贫困》(*Child Poverty*),2020年1月。

③ 反霸凌网(stopbullying.gov),《关于霸凌的事实》(*Facts about Bullying*),2020年1月。

④ 伊琳·达芬(Erin Duffin),《1970至2019年间美国单亲孩子的数量》(*Number of Children Living with a Single Mother or a Single Father in the U.S. from 1970 to 2019*),统计数据库(Statista),2020年1月。

⑤ 出处同④。

童在 14 岁之前接触过色情作品。①

上述每一点都足以让纯真消失殆尽，更何况还有遭受虐待、失去亲人及长期受病痛折磨等因素。

现实生活中不存在任何界限能将我们隔离在痛苦、伤害或他人的恶意之外，而守护这条虚构的界限的最佳意图，并不能产生最好的结果。为人父之前，我为自己定过一个目标：永远不需要和孩子说"对不起"。其实我是出于好意才这样定目标的，因为从他们出生的那一刻起，我就想把任何事情都做好。但是我不得不无数次向他们道歉——而且我意识到这是一件好事。要认识到自己的错误，展现出乐于学习的态度，表现出请求原谅的意愿，这是一种很好的教育方式，比我刚开始设定的完美主义理想要好得多。

我们通过小说、电影和幻想了解到了维多利亚时代童真的观念，认为人生只有到了成年才会遭遇痛苦。如果父母愿意，他们可以成为完美的保护者。

在当时，这种观念传达的信息是：趁着年轻好好享受，把人生的烦恼留给以后，而这个观念现在也很常见。但是，这种观念无法让孩子们懂得如何接受挑战，如何应对困难，让成年人总是在单纯地期待一段美好的时光，而非直面现实。如果我们在童年时期经历过挫折，就会在成年后带着遗憾回首往事，因为那段纯粹的快乐时光在不经意间被挫折偷走了，文学作品展现给我们的美好成为虚无。

对于维多利亚时代的人及现在的我们来说，保留如此美好的童年

---

① 达塞尔·罗基特（Darcel Rockett），《孩子们接触色情片的时间比成年人想象的要早》（*Kids Are Seeing Porn Sooner than Adults Think*），《芝加哥论坛报》，2018 年 4 月。

第1章
淹没和蛰伏

的理想，并无任何意义。我们从来没有准备好长大成人，这种现实的冲击也许在千禧一代的"成年"概念中表现得最为明显。

这一代人要面对成年的挑战。批评他们或许不太公平，毕竟"理想主义的童年"这个概念是文学作品传递给我们的，而这些作品是由成年作家（通常是远离儿童教育的男性）所写，并不是真实现象的反映。"应该保护和关照儿童"不应该是一个约定俗成的概念，它不过就是一种文学上的逃避。我们可以从19世纪作家的作品中看出这种现象，他们似乎患有"成年恐惧症"。

没错，我们中的许多人至少有一些温暖的夏日和儿时无忧无虑地嬉戏的田园诗般的回忆，但是大部分人在童年时期也会面对一些压力或挫折，这些也值得回忆。然而，很少有人具备以健康的方式处理这些问题的能力。许多人没有学过如何应对生活抛给我们的问题，只会为那一去不复返的童年伤心流泪。

与其在孩子们成年之前为他们提供虚假的快乐环境，何不教他们应该如何应对挑战呢？毕竟，生活从我们出生的那一刻就开始了，我们无法逃避。我们必须认识到快乐和痛苦并存这一悖论，它能帮助我们应对挑战，否则，我们和我们的子孙只会越来越差劲。

想象一下，如果我们看到"纯真的童年"这一说法消亡了，就像维多利亚时代的故事失传了一样，且我们并不为此悲痛，我们会变得多么不同？如果我们能够欣喜于新生命的诞生，能以自身阅历看待生命，能给予年轻人鼓励而非让他们的希望破灭，这个世界又会是什么样子？经历过时间和困境磨砺的人各具特色，他们享受阅历给予他们的馈赠，同时也对美好的事物保持积极乐观的态度。痛苦和挫折不应剥夺我们的希望——我们能够从中获得成长，能让自己变得更强大，也能通过阅历武装自己。

我们要尽量在自己的经历中保有童年的美好，才更有可能走出困境，才会坚守信念，坚定信念，怀着同理心并对未来充满希望。

我们必须认识到快乐和痛苦并存这一悖论，它能帮助我们应对挑战，否则，我们和我们的子孙只会越来越差劲。

时间也会伤害一切创伤

　　长大成人不是旦夕之间的事，它需要时间的推移和经历的累积——对于一些人来说，这段旅程来的比我们想象的要早得多。根据一个人的价值观和性格特征的转变，我们几乎可以绘制出其成年的轨迹。也许有人会把成年称为成熟，或者简单地说，成年意味着逐渐厌倦生活，如果不小心保护某些童真的品质，这些品质就会消失。

　　所谓童真的品质，指的是无条件的爱、善良和同情。孩子可以很快原谅他人，也能很快恢复情绪。从孩子的身上，我们可以看到一种天生的乐观，也可以看到他们对自身和世界的信念。

　　这些品质似乎都是出于本能，就像破壳而出的小海龟天生就知道爬到海里一样。我们来想象一下，假如一个婴儿出生几个小时后就会走到冰箱前去拿饮料喝。身为7个孩子的父亲，我必须承认，这个画面确实有点吸引人。那就让我尽情想象一会儿吧！如果他们一生下来就知道去浴室里把自己清洗干净，会怎么样？简直太幸福了！我最近才从18年的换尿布生活中逃脱出来——整整18年。

　　身体迅速成熟会改变游戏规则，但是大自然却选择了我们人类。谢谢大自然母亲，她没有给予我们生来就拥有的身体力量，却赋予了我们与生俱来的情感力量——如果加以培养，这种品质可以让我们做好准备面对即将到来的困境。

和大多数孩子一样，我的孩子们在很小的时候就知道，让别人快乐自己也会快乐。如果他们的举动能逗笑我们，他们就会一直重复这个动作；有人难过时，他们也会难过，还会学着用别人安慰自己的方法去安慰别人；一个孩子胳膊或膝盖受了伤，另一个孩子就会吻他胳膊或膝盖上的肿块或瘀伤，然后拥抱他，问他："你还好吗？"这些都是世间最甜蜜的瞬间。

小孩子身上有一种与生俱来的同理心和乐观精神，他们能很快从痛苦中走出来，也渴望为他人提供帮助。但是，当这些品质体现在一个成年人身上时，大家会觉得这个人很幼稚。和动物相比，这些品质是我们与生俱来的对抗极端脆弱性的天然武器。

如果这些天生善良的孩子遭受了痛苦，我们会很难接受，所以我们都愿意毫无保留地尽全力保护他们，甚至不想让他们知道导致这种痛苦的原因。可有些孩子在痛苦地忍受着这些创伤，这又有什么意义呢？

精神病学家、犹太人大屠杀的幸存者维克多·弗兰克尔（Viktor Frankl）用维度本体论的心理学框架探究了这个概念。如果用几何术语来描述这个概念，我们会看到一个圆柱体、一个圆锥体和一个球体——三者的形状截然不同。但如果从上方照一束光下来，每一个几何体都会投射出相同的圆形阴影。

同样地，生活中的各种情况都会造成痛苦和挣扎的阴影，而这些阴影都可能会带来同样的痛苦症状。刚开始可能不好区分它们，就好

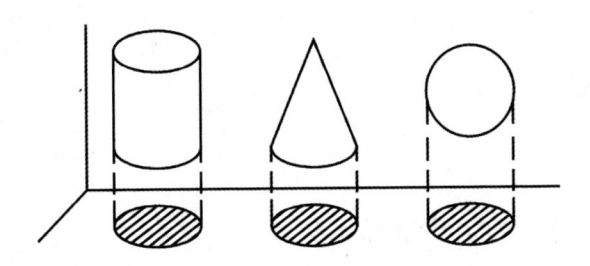

像我们在经受痛苦的时候很难找到痛苦的意义一样。因为我们正在从当下的经历和性格这两个维度体验挫折，往往在第三个维度——时间参与进来之后，我们才能获得一些距离和视角，以更清晰地理解挫折。

这意味着挫折的意义存在于比我们当前的经历更高的层面上——也就是说，时间能治愈所有的创伤。这句话反过来讲依然成立：时间似乎也会伤害一切创伤。接受了逆境，我们就会对所处的环境更有耐心，更易挖掘其中的意义。

每个人都会遇到挫折，这是生活的一部分。其实，我们从小就会遇到挫折，但我们可以选择如何应对挫折。随着时间的推移，我们会发现其中更大的价值，也会更好地运用挫折。由此看来，困难不会侵蚀我们的品质——真正侵蚀我们品质的是我们对困难的错误反应。

不在于环境，而在于选择

在犹太人大屠杀惨剧中，彭氏姐妹柯丽和碧茜的故事被广为传唱。她们之所以引人注目不仅在于她们曾身处臭名昭著的集中营，还在于她们非凡的人生观。这一切都被记录在柯丽的《密室》一书中。

这对姐妹是虔诚的基督徒，她们因在家中窝藏犹太难民而被捕。据说，关押她们的营房内光线昏暗，恶臭难闻，跳蚤猖獗，拥挤不堪，而且警卫经常到此巡逻。她们偷偷带进去了一本《圣经》，一有机会，便互相传阅。有一次，碧茜读到了这句话："遇到任何事情，都要心怀感激。"

柯丽犹豫了："任何事情？甚至包括跳蚤吗？"

碧茜回答说："没错，我们应该感激一切，包括跳蚤。"

柯丽非常不情愿地对这一切表示感激，她的姐姐也这样做了。后来她们才意识到为什么要感激跳蚤。碧茜无意中听到守卫抱怨她们的牢房里跳蚤太多了，没人愿意进去，这才给了姐妹二人一些宝贵的私人空间。

如果姐妹二人想远离生命危险，唯一的办法就是忍受跳蚤叮咬。它们是我们日常生活中的眼中钉，但此刻却有着强大的作用。我想，在意识到这一点后,她们会更容易对跳蚤心怀感激。

然而,我们还需要考虑另一个层面,那就是感激和欣赏的区别。英语"grateful"(感激的)一词来源于拉丁语"gratus",意思是"愉快的"——当然,这个词肯定不是来源于寄生虫。而"appreciation"(欣赏)是评估品质或价值的行为,通常是一种较高的评价。

如果我们能评估挫折的力量,随着时间的推移,我们也许能认可其价值,做出积极的反应,那么我们的心态就会开始改变。跳蚤从来都不讨人喜欢,但是当她们寻求精神和情感寄托时,它们确实变得相当有价值。

这就是我们在面对压力、紧张和困难时应该怎样回应的关键所在:不在于环境本身,而在于我们选择如何应对。

压力其实是个"副产品"

到目前为止，我们已经讨论了很多关于挫折的话题，创伤似乎成了我们关注的焦点。虽然这无法充分体现个人的成长，却奠定了成长的重要基础。为了日后我们能够战胜困难，实现渴望已久的安逸和快乐，我们首先必须强调拥抱挫折的重要性。也许这是通过鲜明的对比得来的。有时压力和黑暗不容易被发现，它们最明显的表现就是痛苦，而我们往往最不想关注痛苦，这就给了它们击垮我们的机会。但不是所有的挫折都如此极端，压力其实是一个"副产品"，它企图控制我们，实则"力不从心"。

我的认知行为治疗师经常提醒我，我们的目标不是消除压力，而是控制压力。[①] 如果只想通过减轻压力来控制我们无法控制的东西，我们的压力就会越来越大。以我们现在的认知，逃避现实似乎会让我们陷入更大的困扰。

盖洛普 2019 年度《全球情绪状况报告》给出的结果并不乐观：在美国，超过 55% 的人回忆称，在过去的 2018 年里，他们一天中的

[①] 认知行为疗法能够帮助我们接受并适应大大小小的压力，是众多疗法中非常有效的疗法之一。如果你身处我们在此讨论的挫折中，我强烈建议你寻求专业的帮助，别等到 7 年之后你的另一半拖着你去看医生。

大部分时间都感到压力巨大；近半数的人感到担忧，20%以上的人感到愤怒。[1]

这些数据仅次于排名第一的希腊，但排在非洲国家乍得之前。乍得被广泛认为是全球痛苦指数最高的国家之一。更可怕的是，这项数据较2017年竟有所上涨。随着时间的推移，尽管我们的生活水平在不断提高，但是我们承受的压力却越来越大。经济在蓬勃发展，我们随时都可以获得社会上的信息，但是我们却比以往任何时候都更易怒。这些压力折磨我们的时间也越来越提前。

《社会指标研究》（Social Indicators Research）有一项研究对700万人进行了抽样调查，监测他们在一段时间内心理健康程度的变化。圣地亚哥州立大学（San Diego State University）的一部出版物对此给予了总结：

> 与20世纪80年代的同龄人相比，21世纪10年代的青少年中患有记忆障碍的可能性增长了38%，患有睡眠障碍的可能性增长了74%，因心理问题去咨询专家的人数增加了一倍。
>
> 调查中，50%的大学生称他们感到压力很大；成年人称自己睡眠不足，胃口不好，做什么都感到乏力——抑郁症的典型身心症状。[2]

---

[1] 乔西·哈夫纳（Josh Hefner），《苦恼真实存在：盖洛普调查报告发现，世界上三分之一的人感到压力巨大、忧心忡忡和痛苦不堪》（The Misery is Real: A Third of the World is Stressed, Worried and in Pain, Gallup Report Finds），《今日美国》（USA Today），2019年4月。

[2] 圣地亚哥州立大学新闻中心（SDSU News Center），《报道显示美国人的抑郁症症状在加重》（Americans Reporting Increased Symptoms of Depression），圣地亚哥州立大学，2014年9月。

这些数据的增长在一定程度上反映了心理健康领域研究的飞跃。在我十几岁，母亲和继父闹离婚的时候，大家怀疑我患了贫血，让我去看医生。那时候，我面色苍白、无精打采，但是各项指标都很好。他们问我发生了什么事情，我说我的母亲和继父在闹离婚，然后一切就真相大白了："就是它惹的祸，本，你不是贫血——你就是抑郁了。"

但是确诊并没什么用。我被送回家，虽然我们找到了问题的根源，却没有找到解决方案。我们白忙活了一场。

轻度的心理疾病反倒能帮助我们更好地理解这些问题，也能更好地确认病症、讨论问题。但是理解只是解决问题的第一步，我们现在已经认识到部分人长期感觉自身压力很大。

究竟是什么让我们觉得自己被淹没了？——从长远来看，这些事情有意义吗？我们是不是陷入了困境？

> 压力其实是一个"副产品"，它企图控制我们，实则"力不从心"。

怀揣学习和成长的渴望

我 21 岁的时候,从事平面设计工作。那时,我学会了独自评估自己所参与的每一份工作。我从一开始就审视了自己的目标和期望,然后评估了现实,又规划了未来要走的路。

无论是以企业家的身份,还是在管理岗位上,抑或是在一家市值数十亿美元的全球性公司做总裁,这个习惯都让我受益匪浅,我的事业也随之蒸蒸日上。我从事过平面设计、市场营销、培训、高级管理和咨询等工作,在初创公司、初具规模的公司、成熟的企业及行业协会的董事会成员中,都有我的身影。不管在什么样的工作环境下,人们几乎普遍倾向于说:"如果我们……"

"如果我们"能把运输时间控制得更短些;"如果我们"能更合理地制定产品的价格;"如果我们"有这个视频或工具,我们的网站有这个功能;"如果我们"研发了这款产品;"如果我们"能更快速地制定这项规章制度或者应对这起投诉……

我们真正错过的是个人的发展,这比任何行动或过程都重要。我们需要做的是自我反省和自我分析,就像我们分析产品、研究对策一样。

在生意场上，人才是最宝贵的资产，而且我们每个人都有这份资产。但是，我们往往把个人生活抛在脑后，忽略了自己的成长对工作效率的影响。即便我们再想创造一个没有压力的工作环境，都无法完全摆脱真正的自己，无法摆脱自己内心想要摆脱的东西。在面对客户和同事的时候，我们可能会戴上一副轻松愉快、乐观向上的面具。但是，在面具之下，我们每天都承受着同样的痛苦、空虚和压力，日渐将自己压垮，最终影响到我们看待问题的方式、对待同事的态度及处理与客户的关系，等等。我们要花时间去提升自己，或者给予员工发展自我的空间，这些最终都会为企业带来巨大的回报。

反过来说也是这个道理：工作中的挫折会影响我们的日常生活。如果你的老板总是颐指气使、咄咄逼人，或者你是被一次次挫折击倒的企业家，这些焦虑和脆弱会不自觉地融入你的情绪，影响你生活的方方面面，会让你在处理问题的时候失去信心。

同样，如果我们直面挑战，从中寻求成长，我们的生活就会出现良性循环。工作会影响我们，反之亦然。只有学会做得更好，我们最终才能成长为更好的自己。

无论你是在和病魔做长期斗争的勇士，还是一位企业家，都要承认一个事实：你永远在和不同程度的逆境纠缠——要么正陷入逆境，要么正在摆脱逆境。就像无法完全保护纯洁无瑕的童真，压力也无法完全从成年人的世界中消失。更令人沮丧的是，我们不可能仅仅通过一次经历就获得生活经验和教训，因为正是在不断的重复中，我们才得以成长。

正是在危机和压力中，我们被反复拉扯，不断地被提醒：我们无法得到所有的答案。这就是被播种的必要性——被环境淹没，被环境施压，这些因素都会促使我们成长。

仅仅做到理解还远远不够，我们只有直面困难、勇敢应对，才能认识到反复袭来的压力对我们的帮助。如果我们不敢开心扉接受挫折的滋养，我们会像处在休眠状态的种子那般永远被埋在地下。因此，仅仅接纳挫折还远远不够，就像我们不能仅仅追求快乐一样。

此外，我们为自己的处境找借口，或者让自己身陷其中，都只是逃避现实的一种表现——类似的情形困扰了我近十年，我一直在做无声的挣扎。如果放弃挣扎，然后说"我就是这样的人"或者"这就是我所经历的一切"，种子就会被分解成肥料，无法破土而出。当我们打定主意一直这样生活——每天被淹没，感到压力巨大、毫无希望——我们就会丧失斗志，我们获得成长的权利也会被剥夺。

怀揣学习和成长的渴望，直面现实，我们就能拥抱环境给予我们的这份独一无二的经验。只有感受到被播种的力量，黑暗才不再那么难以面对。

改变我们面对困境的观念

有压力确实会导致我们不快乐，但是我们对待压力的态度决定了我们真正的潜力和可选择的机会。在进一步探索困境本质的过程中，我们可能会遇到一些问题，会考虑该以何种态度面对它们。以下是一些问题的汇总：

- 如果我们抛弃维多利亚时代的那种观念，认为童年不应该享受无忧无虑的生活，那么我们会如何看待生活？你会觉得自己的某些东西被剥夺了吗？觉得自己走错路了吗？
- 如果你把考验看作必须或应该承受的压力，然后从容地面对它们，你的观念会发生怎样的变化？
- 当前的你是如何面对挑战的？你承认压力、接受压力吗？你将如何处理压力呢？
- 你目前是如何衡量自己处理压力或解决棘手问题的能力的？
- 如果你面对困境时态度端正，后续你将从中获得什么好处？

第 2 章
在黑暗中重生

我们最想摆脱的事情，有时是必须面对的。

当种子与周围的土壤互相作用时，它坚硬的外壳开始分解，好让更多的养分进入体内；紧接着它开始生根，不断地向地下生长，从土壤中汲取更多的养分；接下来就长出了幼苗，钻出地面，感受阳光的温暖。

以大自然来隐喻个人成长的例子可谓层出不穷。从种子破土而出，到一场大火之后森林复原，我们不难看出，植物王国和动物王国中的一切都是为了生存而形成的，它们不惜一切代价适应环境都是为了保护自己的生命。除了小小的种子长成参天大树的例子之外，毛毛虫破茧成蝶也是一个有关个人成长的恰当的象征。

不管是在经典儿童读物中，还是在古希腊象征主义文学作品中，蝴蝶都为之添色不少。长期以来，我们对毛毛虫蜕变成蝴蝶十分着迷，但是却很少提及它的蜕变过程。从加法的角度来讲，最容易理解的说法就是毛毛虫身上长出了一对翅膀。它们经历了"作茧自缚"的蜕变过程，但是我们能看到的只有它们成功蜕变成蝴蝶的结果。

然而，蝶蛹内部发生的巨变比成长本身更为重要。就像我们看到蝌蚪变成青蛙一样，毛毛虫从一种状态蜕变成另一种状态，并没有我们想象中那样缓慢。它的虫体会完全消失，经过失去、挣扎和内在痛

第2章
在黑暗中重生

苦的锻造之后，会产生一个漂亮的新虫体，取代之前的旧虫体。[1]

毛毛虫会将自己彻底分解：其体内的休眠基因在蝶蛹中被激活后，它开始将自己的组织分解成液体，毛毛虫的旧虫体会漂浮在液体上面，然后开始重新塑造自己，变成一个全新的虫体。

为了蜕变成蝴蝶，毛毛虫必须经历彻底的分解。

我们每个人在生活中都经历过类似的情况。虽然我们没有蝴蝶的"蝶蛹"，但是经历挫折的磨炼，我们体内类似的能量就会被激活。在我们获取了新知识、有了新经验、经历了不同的挫折，或者承受了不同的痛苦后，体内被激活的能量就会将我们分解。我们再也回不到那个幸福无知的自己了。但是，这时候我们会面临一个蝴蝶没有经历过的选择：我们是继续分解下去，还是"初露芳容"，以崭新的面貌迎接世界？

对于纯真（innocence），我们很难释怀，但如果我们仔细分析这个词，就会有不一样的发现。这个词起源于一个古老的法语单词innocere，意思是"不伤害"。[2]一方面，它意味着小孩子不会伤害任何人，体现了无罪、无错及无害的状态；另一方面，它也意味着孩子本身没有受到过伤害，也没有遭受过生活的摧残，一副天真无知、阅历尚浅的面貌。

毛毛虫把自己分解成液体的时候，我无法知道它的感受；一粒种子破土而出的时候，它的感受我也不得而知——但是我知道这个过程

---

[1] 实际上，我们并不知道昆虫能否感受到疼痛，但是分解的过程必定很痛苦。

[2] 多丽丝·布勒·尼德伯格（Doris Bühler-Niederberger），《纯真与童年》（*Innocence and Childhood*），牛津书目。

对它而言并不舒服。这就是另一个有关成长的悖论，尽管我们需要承受痛苦才能进步，但是抗拒痛苦也是我们的天性。我们与生俱来的生存机制驱使我们逃避危险、抗拒困难、拒绝行动，直到危险过去为止。然而天赋也赐予了我们雄心壮志——勇于探索、敢于发现、渴望突破限制。这场有关自我保护和自我开拓的角逐持续上演，我们拖延的时间越长，承受痛苦的时间也会越长。

我们越来越成熟，就会越来越容许生活的阅历侵蚀我们的纯真面孔，我们也就变成了新的自己。我们不再是充满浪漫童真的孩子，我们是继续分解下去，还是进行再次锻造，都取决于我们自己。如果不进行这一步的思考，许多人都会变成贪婪而悲观的成年人，只会凑合着过日子。这样一来，我们的任何经历都是徒劳，因为蝴蝶比毛毛虫漂亮能干，大树比种子茂盛强壮。

无论你的"蝶蛹"是什么样子的，既然"休眠基因"已被激活，那就去接受这样的分解，你会从中获益颇丰。虽然过程会很痛苦，但从另一个角度看，这是伟大的。经过时间的沉淀、耐心地栽培，保持谦逊的态度，终有一天，你会从黑暗中脱壳而出，沐浴着阳光，生长出翅膀，飞向更高更远的地方。

> 我们满怀希望、坚定努力、脱胎换骨，不是逃避挫折的结果，而是经受挫折后塑造出来的品质。

以勇于改变为荣

作为一个年轻的职业人,我曾任职于一家全球性公司,身兼该公司旗下两家分公司的总经理。这家公司主营日用品,市值高达数亿美元。我将会在后面的章节中对相关的细节展开叙述。现在我想讲一件事,它将我从不谙世事、状态不定的行业新人改变成了阅历丰富、充满自信的领导者。

事情发生在我入职第二年的1月,当时我们正准备迎接美好的新年,为完成我们的商业计划和预算做足了准备。因为我们目标坚定、齐心协力,所以斗志昂扬地憧憬着新的一年。但是,正当我在德国慕尼黑参加一场全球通信会议时,一个电话改变了一切。

电话是我的外事经理打来的,她在处理紧急情况时得知了一件事,于是给我打了电话。我接到电话时正在开会,不得不出去接了她的电话。电话那头的她惶恐不安,非常痛苦地告诉我一个坏消息:"贸易与工业部来了几个人,他们计划把我们告上法庭,让我们关门。"

贸易与工业部是政府的一个部门,负责保护消费者的权益,因此有权要求我们提供他们想要的一切信息。我们无条件遵守这项规定,无权知晓这些指控的目的及他们需要这些信息的原因。他们只告诉我们一些必要的信息：他们打算让我们歇业，他们有一系列计划要实施，并将驻扎在我们的办公室里，直到我们同意为止。除此之外，没有其他任何信息了。

刹那间，我们今年的所有目标和愿望都被迫搁置了。他们每天都在我们眼前转悠，他们的负责人在我们的办公室里工作，我们很难不受影响。这样看来，他们就相当于蝶蛹，铺天盖地地将我们裹挟进一场危机中，预示着我们将要进行自我分解。

那一整年，我几乎每天都在招待法务会计师，我之前从来没有听说过还有这样一群人。他们来到我们公司，随意进出办公室，索要数据和文件，故意打扰我们的工作——他们的举动中带着向法院起诉我们的威胁，黑压压地笼罩在我们头顶。就像犯罪现场调查类电视节目中播放的那样，这些法务会计师利用自己的职权，挖掘公司的细节，最后得出对裁决案件有利的结论。这群人头脑很精明，雷厉风行，每天都专注于自己的工作。

一旦这个部门起诉一家公司，成功率在 90% 以上，甚至不少公司还没来得及为自己辩护就倒闭了，因为这会对企业的经营产生直接影响。抗诉会产生不小的风险，但是任由案件顺其自然地发展下去恐怕风险会更大。在这一年里，我们办公室的工作很棘手，但是如果我们束手就擒，当地市场的上千万元营业额和总公司的数亿元营业额就都要打水漂了。

为了蝴蝶诞生，毛毛虫必须经历彻底的分解。

我们公司有雄厚的财力和蓬勃发展的全球影响力,这就表明我们更有优势。最终,我们发现他们想要的是商业模式方面的数据信息,这意味着威胁将影响整个行业。我们不仅要站出来为自己发声,还有义务为行业内的其他公司努力辩护。

所以,我们的商业模式必须往更好的方向改变,我们必须千方百计地创新,以解决即将面临的问题,而所有这些都要在调查员的眼皮子底下进行。

我、执行团队及风险管理团队(吸取了公司内外各种经验教训而专门成立的一个组织)共同制订了一个应对计划,并着手开展工作。我们从美国、欧洲乃至全球范围内聘请了各个层面的专家,研究领域涉及行业调查、类似案件的处理及工业法等,还有沟通专家、营销顾问、业务经理和高级管理人员等帮助我们在案件调查期间维持商业运营。

这是一个惊险而持久的挑战,以我浅薄的工作阅历,我无法预知我们即将面临的后果。

为此,我们竭尽全力。被曝光的一些问题是切实存在的,需要我们解决;有些问题只是误会,需要我们澄清并发声。随着时间的推移,我们可以根据问题的性质和他们反复询问的信息预判他们的顾虑。其中,有些变化影响到了整个行业,而业内正密切关注我们会作何回应。在那段时间里,我们的工作重点是完善已受损的业务,保护未被破坏的业务,并推动一切工作向更好的方向发展。

另外,我们做出改变是为整个行业的利益着想——同时,我们也证明了指控者的很多错误,他们想让我们歇业的意图最终没有得逞。

我们灵活运用法律，打赢了这场官司，并为整个行业树立了标杆，我至今仍为此自豪。然而，从此以后我在这一行里再也没有了纯真可言。但是这真的无所谓。

这场危机发生之前，我为自己年纪轻轻就能接管这家企业而激动，但经历此事后，我改变了看法。以前我认为年龄是决定性因素，如果一位前辈告诉我一些经验，我会将其当作至上的真理。当时，我身边的人都在这家企业工作了十年以上，在这个行业有着丰富的阅历，而我向来觉得工龄、年龄和忠诚度就是判断一个人职业素养的依据。在我看来，前辈们教给我的一切都是完全正确的。

这一次，法务会计师推翻了我之前认定的那些真理，问题也随之而来。在这个过程中，好像一切都发生了剧变，但这也打开了我的视野。现在我面对的不是某个权威人士发出的单一声音，而是两个声音：一个声音来自忠诚认真的同事，另一个声音来自消极难缠的调查员。

如果现在的我仍然像刚入职那几年一样，完全遵从自己所任职公司的制度，那么，面对这次调查，我可能不会这么爽快地改变，甚至不会改变公司的商业模式。

许多人建议我另辟蹊径，希望我走一条受众更广、更便捷或更符合传统观念的路。但是更便捷的路并不一定是合适的路。如果我们想取得胜利，就要改变传统观念和大众共识。总之，这场艰苦的斗争让我在一段时间内四处碰壁。

在这段时间里，我的所得所想与我在治疗期间学到的经验如出一辙：接受挫折不代表屈服，而是直面现实，然后竭尽全力争取胜利。

失落和新生的时期

生活中不断遭遇的黑暗、挫折和失落不仅仅是生活的组成部分,也是生活必需的因素。比如蝴蝶破茧而出、黑夜孕育白天、冬天滋养春天,这些都不仅仅是单个事件的循环。因为有黑夜,我们才更加珍惜白天,而不是无视黑夜;我们需要度过漫长的寒冬,才更能体会春天的充实。

即使是像森林大火那样极端的灾难会带来极大损失,也是在为新的健康成长扫清障碍。我们从许多事情中可以看出,大自然反映了我们的经历。我们不断经历着至暗时刻、不断体验着寒冷的冬季,而每一段经历都有其目的。有时候,我们需要一场"森林大火"去"烧掉"无关紧要的东西,强化应该保留的东西。

我经历的那场危机就像"森林大火"。对于整个行业来说,它"烧掉"了阻碍我们发展的商业模式和商业思维。它也影响了我的生活,将我瞻前顾后的毛病付之一炬,让自信果断的品质生根发芽。之后无论是在这家公司工作还是在未来的职业生涯中,我的经历也或多或少带给了他人信心。他们在向我咨询或者寻求专业指导时,也会获得成长。也是在那一年,我成为更强大的领导者。

在那段时间里，压力、孤独和黑暗让我感觉非常压抑，但是我能够破壳而出，最终成长为全新的自己及更优秀的管理者和领导者。

这段经历也让我收获了在大学或导师那里学不到的洞察力，促使我深入地理解了我们这个行业存在的意义到底是什么、我们真正需要解决哪些问题，以及我们的文化中哪些是对的、哪些是错的；它也促使我在身处困境时可以形成基于事实的真实看法，而不是沿袭经验；它还教会了我如何掌控形势并果断应对。

我对这家公司抱有无限的希望，从来不希望它遭遇这样的劫难，但这次劫难却带给了我巨大的收获，反倒是我们那些幼稚的愿望没有几个能实现。有时候我们会忽视自己的这些幻想，但更多的时候它们却自己坍塌了。之所以如此，往往是因为这些幻想从未建立在坚实的基础上。我们希望这些愿望能够实现，但是，随着时间的推移和经验的累积，我们的目标变成了培养希望以激发自己的愿力，从而树立更明智、更现实的理想。

成为宇航员可能是孩子的一个幻想，但是对一个长大后学习科学知识、考上理想的大学和精通各门课程，并在身体和精神上都处于最佳状态的孩子来说却不再是幻想，他会踌躇满志地走向未来。

每一次遭遇挫折后，我对未来的信心都会比以往任何时候更加坚定。自此之后，这场危机就成了我简历中不可或缺的一部分。我的大多数采访也是围绕这些案例及我从中获得的见解和经验展开的。我不会再像孩子一样因缺乏经验而担惊受怕。反之，我会自信地分享自己的经验，将自己学到的经验应用到新的工作岗位上。

换言之，我们满怀希望、坚定地努力行动，不是在逃避挫折所带来的结果，而是经受挫折后塑造出来的品质使然。

所以，让熊熊大火燃烧得更猛烈些，让它烧掉天真和急躁，摧毁无知和纯真吧！只要我们继续在生活中培育这种成长，这些损失总有一天会被一些品质和力量的新芽弥补。

压力也有积极的一面

在古希腊神话中，西西弗斯因诡计多端而臭名昭著，他曾两次玩弄了死神。他最终的惩罚是做一件永远停不下来的事：他被困在冥界深处的一座大山上，需要把一块巨石推上山顶，但是每次他刚把巨石推上山顶，巨石就又滚下去了。这就是他的任务，日复一日，永无休止。

如果我们不向生活低头，那么西西弗斯式的任务——一个毫无价值且注定会不断重复的任务——就会到来。我们每天都经历着生命的蜕变，肩负着各自的责任。然而，这不是神要我们重复这个任务，而是我们自己的选择让我们放弃教训，从山顶推下巨石。

有时候，正因为不成熟的渴求操控着我们，我们才一心想逃避痛苦、摆脱压力，最终导致错失机遇、困于困境。但从本质上讲，我们对压力的反应也会让我们本能地避开必须面对的危险，从而将自己从水火中拯救出来。这种本能反应是人类世世代代传承下来的，为了保护自己，我们会选择反抗或逃避。

匈牙利内分泌学家汉斯·薛利（Hans Selye）提出了"良性应激"（eustress）的概念，"eu"是希腊语中"美好"一词的前缀。1974年，

第 2 章
在黑暗中重生

他指出，我们应该避免的压力与"良性应激"之间存在差异。在此之前，汉语中就有将"危险"和"机会"组合而成的一个词，叫"危机"。这的确是一种悖论，生活中既有我们应该把握的成长机会，也有我们应该避免的危险和风险。

在 2003 年的一项研究中，勒费夫尔（LeFevre）、马西尼（Matheny）和科尔特（Kolt）将生活中的挑战描述得非常巧妙："压力已经成为痛苦的代名词，它是一种痛苦的状态，人们已经自愿放弃了幸福和舒适。"[1]

的确，消极的压力（我们在此称之为痛苦）是一种健康风险——长期的焦虑会对生理造成打击。在我的父亲出庭的前一天晚上，我目睹了这一切，他患了很严重的心脏病。一场即将到来的痛苦引发了他的生理反应，差点要了他的命。

良性应激是一种积极的压力，它也会带给我们生理层面的改变。在良性应激的作用下，荷尔蒙会有所增加，心率和血压也随之增高，这会使大脑进入一种情绪平静和身体放松的超意识状态。

我们在恋爱、结婚、入职、买房、旅游、度假、生子或者锻炼的时候，就处于良性应激状态。基于每个人的个性和所处的环境不同，以上任何一种情况也可能会带来痛苦，因为如果把握不好良性改变的度，就会将它变成压力。二者最关键的差异在于我们是否认为自己有把握应对这种状态，如果无法应对，即使是良性应激，也会把天平倾斜到痛

---

[1] 理学硕士朱丽叶·托奇诺-史密斯（Juliette Tocino-Smith，MSc），《什么是良性应激？它和压力有什么区别？》（*What is Eustress and How is It Different than Stress？*），积极心理学网（positivepsychology.com），2019 年 10 月。

薛利提出的良性应激的表现	薛利提出的痛苦的表现
短期	短期和长期并存
会受到激励，获得鼓舞	会引发焦虑、担忧和不愉快的感觉
感觉一切都在可控范围之内	感觉一切都超出了可控范围
提高注意力和表现力	降低注意力和表现力
有助于形成"战或逃"机制	会给身体和心理带来挑战

苦那一端。在这种情况下，心率加快、专注力提升可能会在短期内对我们有益，但很快就会变成一种威胁。

如果我们能直面挑战而不沉浸在其中，我们就更有能力克服困难、获得成长，为即将到来的一切做好准备。至少，我们已经全副武装了。

等待光明的出现

不是所有挫折都能在一夜之间消散，有的会持续很长时间；有的会发生在意料之外，但又在情理之中；有的则不可预测、无法控制，疯狂地肆虐，灼灼地燃烧。例如，我的大儿子伊桑在3岁的时候就出现了肾功能紊乱。

在短短4天里，由于出现水潴留症状，我儿子的体重增加了二分之一。医院给出的诊断结果是肾病综合征，为此他接受了大量的类固醇治疗。

去医院本就是一件令人心痛的事，更何况是让一个小孩子去。那时我的妻子金正怀着我们的第三个孩子，由于骨盆有问题，她走路时间一长就会很吃力。她来医院探望的时候，我就把儿子抱下楼，让他俩在医院大门外见面。然后，我让金坐在轮椅上，把儿子放在金的腿上，我推着他们返回病房。整个走廊里，大家面露同情的神色，不是针对坐在轮椅上的金，而是针对一眼就能看出来生着病的小男孩。没有人想过我们家这样的生活。

儿子的病后来痊愈了，药物保护了他的肾脏，但是也破坏了他的免疫系统。这就导致他很容易生病，给他的肾脏带来压力，引起旧病复发，于是就需要服用更多的类固醇类药物。几个星期以来，伊桑一直在服用类固醇类药物，直到他病情稳定下来后才出院回家。

在护理他的过程中，我们尽量确保他不出水痘。在他当时那种虚弱的状态下，特殊疾病引起的炎症可能会蔓延至大脑，造成致命的损伤，或者至少会对生活造成影响。

你可能已经猜到了，医生警告了我们。但几个星期之后，伊桑还是出了水痘。这一次，为了避免他接触任何东西，住院时又增加了一层隔离，而这一住就是好几个星期。

想象一下，一个3岁的普通孩子，输着液，与世隔绝，浑身肿胀难受，同时需要娱乐和快乐。他每天都备受煎熬，即便是待一天，对我们所有人来说都是折磨。

医生第一次在伊桑手上插管的时候，伊桑完全不知道接下来将要发生什么，甚至不知道害怕，所以插管完成得很顺利。但是第二次插管的时候，他再也高兴不起来了。我看着他在病床上打滚，非常害怕接下来发生的事，而我却无能为力，最后护士要求我把他按住。

没办法，我爬上病床，把他裹住，让他的胳膊无法动弹。我躺在他身旁，他非常恐惧地冲我叫喊："爸爸，他们要伤害我，为什么你要让他们伤害我？"

医生试了3次才把管子成功放进去，其中一次还把自己手里的一根针弄弯了。金和我轮流控制他，从他的角度看，尽管我们一再向他解释，但是我们的行为还是为了让陌生人一次又一次地伤害他，他觉得这样太过分了。然而，我们还是要这样做，因为我们明白现在忍受一点痛苦可以避免以后更多的痛苦，但他不明白这些。

没有人是一座孤岛

在那之后,我的儿子伊桑又在医院住了两年,每天咨询问诊,检查蛋白质指标。最终,他痊愈了,我们都欣喜若狂。家家有本难念的经,结局也不尽相同。

当痛苦发展到需要我们全身心投入的地步时,应对它的唯一方法就是投入。如果我们从眼前的痛苦中抽身,直接跨越到未来,未来就满是痛苦,我们肯定难以承受。但是,我们可以做好当下能做到的每一件事情——仅此而已——这样我们就可以继续前行,无论前行的速度多么缓慢。

我无法帮伊桑减轻病痛,但是我可以按住他,帮他渡过难关。医生给他治疗时,我可以配合医生;我的妻子在医院陪护时,我可以配合妻子。我可以配合很多人,包括我的妻子、我的其他孩子、我的亲生父母、我的岳父岳母及医护人员等,处理他们所能掌控的事情。我可以充分信任他们,当我不知所措时,他们会帮助我。没有人是一座孤岛。

当环境的压力让我们感到自己越来越渺小时,也许他人会帮助我们开拓空间。当他人的爱和支持开始包围我们时,我们就能站得更高，从容地应对任何事情。我们不能给予他们回报，却能够感受到被爱和被重视，这会让我们意识到这段旅程有多么重要。总有一天，我们可以报答这份恩情，在他们需要帮助的时候，我们就可以帮他们开拓空间。

这种给予和索取，就像全人类共同呼吸一样在你我之间流动，每一步改变都会帮助我们度过艰难的那一刻、那一天、那一段时间，让我们离前方的光亮更进一步。

追求自控的状态

我在前面讲过，在生命的每一个阶段，我们都要接受生命带给我们的一切。接受这一现实，我们就会有耐心和希望去承受当下，迎接美好的未来。在下面的内容中我们会看到，谦逊至关重要，也许你曾经自我怀疑、缺乏信念，但是谦逊能让你重新发芽开花。

然而，我们必须搞清楚，这是一个持久的过程，而且永远不可能完美。即使再坚挺的大树也会受到强风、大雪和烈火的威胁；即使我们已经感觉自己可以破土而出了，但仍要不断地向下扎根，这样才能更稳定地生长。

如果说逆境的土壤哺育了我们，那些要将我们连根拔起的力量，也会使我们失去对当前环境及其带来的价值的控制。

身处这些境况中，自控并不意味着要完全控制自己。这个世界告诉我们，我们似乎可以拥有一切、做到一切、成为一切，但是简单地想一下就知道，这根本不可能。我们无法完全掌控生活的方方面面，比如健康、财富、声誉、就业、经济、天气等，总有些东西会从我们的指缝间溜走。我们顶多也就能影响某一特定时刻发生在我们身上的事情。

我们能做的就是掌控自己的反应。

自控就是控制好属于我们自己的东西，别无其他。放低期待，不要自己硬撑，也不要把感到有压力看作自己能力不足，从而丧失自己的信念。

我们从困境中破土而出，接受生活的挑战，从中学习和成长后，还要接受我们生而为人的身份，接受风雨飘摇的状态。我们要接受自身的缺点，要对养育我们的环境抱有尊敬和感激之心。我们可以用一种新的责任感、感激之情和敬佩之心审视自己。这样一来，我们才能知道自己将向何处去、如何到达那里、如何管理自己和他人。

培养忍耐力

下一次当你感受到压力、倦怠或创伤的影响时，不妨思考一下，你自我保护或自我创造的本能是否还能起作用。

- 你是在正视痛苦还是逃避痛苦？
- 在你的生活中，是否有一些你想要控制但又不能控制的领域？
- 如果你身处困境，你能找到给予自己支持、为自己拓宽道路的朋友吗？
- 在你专注于当下时，你从困境中学到了哪些能为自己的未来锦上添花的经验？

第3章
恶劣环境中生长的树苗

最强大的个人力量来自相互作用的力量。

有时候，生活中关于自控状态的例子——掌控好自己的事，而且只做自己有能力做的事——数不胜数，都不用刻意寻找。也许此时你并没有感觉压力大，但你身边的人或许正处于这样的状态。这种情况非常常见，它发生在每一家大公司的每一个层级、小型企业、初创企业和家庭中。也许是繁重的工作安排或老板打破了你工作和生活的平衡；也许是与日俱增的期待值和缺乏远见的领导让事情变得越来越复杂；也许是失去的挚爱给你造成了无法愈合的创伤；也许是家庭的收支无法平衡，让你难以偿还抵押贷款……我们每个人都会在某些时候身陷风暴中，但最重要的是，我们要能够经受住风暴的袭击并砥砺前行。而一棵树苗，扎根的最佳方式就是依靠外部力量的支持。

几年前，我在一家戒毒中心分管一个小组的工作。有一天，一位女士在她朋友的搀扶下跟跟跄跄地走了进来，衣冠不整，略带醉相。她的头压得很低，满脸羞愧，非常自责，这种压抑感让她快要把头埋进胸里了。由于喝了酒，再加上情绪低落，她目光呆滞，脸又肿又红，眼睛里噙满了泪水。我从来没有见过一个人情绪如此低落，她看起来很难受。她一定非常需要帮助，但是我们小组有明确的规定：她喝了酒，我们就必须让她离开。

第3章
恶劣环境中生长的树苗

她就住在这条街上,但我从来没有见她参加过我们举办的戒毒集会。我不知道那一晚她为什么会来找我们,可能她非常需要我们的帮助。

我搂住她的肩膀,发现她的前臂和手腕上有伤疤,于是我委婉地对她说:"我真的很想让你待在这里,但是你喝酒了,治疗不会有太大的效果,还可能会影响房间里的其他人。现在,最好的解决办法是你回家睡上一觉,然后干干净净、清清醒醒地过来。你先回去,好吗?"

眼泪顺着她的脸颊流下来,她点点头同意了。

于是,我接着给予她鼓励和支持,并对她说:"那你就要说到做到,星期三晚上7点,我们要办一次集会,你现在要向我保证,你会来参加这次集会。"

这一次,她摇了摇头。

她表现出来的不是缺乏兴趣,也不是不想守信,而是缺乏自信。她过去食言太多次了,这一次都不敢轻易承诺。她对自己太失望了,甚至都不知道自己能不能参加为期一小时的集会,即便这是为了挽救自己生命的集会。

她做不到向我保证达成一件事,她根本没办法向任何人保证。

我几乎立刻意识到自己的想法错了。"对不起,"我向她道歉,"我刚才说反了,应该是我向你保证:每个星期三晚上7点,不管发生什么事,即便那天是圣诞节,我们都会在这里等你。"

等到下一个星期,我们又见面了。这一次,她很清醒,打扮得非常体面,也为参加这次集会做了准备。其实不是因为她突然变得自信了，而是因为她知道有人在乎她。

　　有时候，我们之所以相信自己能够渡过难关，往往是因为我们意识到有人在关心我们、相信我们，这种鼓励填补了我们缺乏信心造成的空虚。

　　缺乏信心会阻碍我们成长，如果我们想发现自己的这一缺点并做出改变，就要培养积极的信念，这么说来还是挺矛盾的。我们越完善自己的性格，就能越好地控制自己的情绪，也会越来越肯定自身的价值。当我们充分重视自己的时候，我们就会朝着积极的方向发展并不断成长。

　　当我们变得更有耐心、更善良、更宽容、更坚定、更有动力、素质更高时，我们的人生观和世界观就会越来越清晰，生活就会更美好，自身会更加优秀，积极的信念也会越来越坚定。如果我们总是盯着自己的缺点和不足，就会适得其反，引发恶性循环，最终进入所谓的可怕的"谷底"。

　　我在本书的导言中讲过，这种至暗时刻的最低点不是我们的必经之路——在为时未晚的时候发现这种恶性循环，并从中跳脱出来，然后从集体中寻求帮助，树立信念。因为只有通过人们之间的相互帮助，我们才能挖掘出自己最强大的力量。

　　我们能成为什么样的人并不重要，重要的是我们会做出什么样的改变。如果我们只专注于为自己而活，就不会做出有意义的改变。

我们一无所有，又拥有一切

　　自尊和谦逊之间存在一个悖论，但二者在本质上是相关的：我们一无所有，但也可以拥有一切。就拿弃婴来说，他们得不到父母的关爱和照顾，撑不过几天就会死去。他们无法照顾自己，无法保全自己的性命。从这一层意义上说，他们一无所有。但是对父母来说，孩子的生命至高无上，孩子是他们的一切，甚至高于他们自己的生命。这样就形成了一条情绪纽带，促使父母去关注孩子的每一个需求。

　　随着时间的推移，我们会越来越独立，但是悖论仍然存在，因此很多人对那句半真半假的话深信不疑：我们还不够独立。

　　当然，这句话中有一部分是真的，我们就像与父母分离的孩子。但也正如孩子一样，尽管我们有很多缺点，但我们同样有人爱、有自我价值。

　　要想寻找到真理，就要保持谦逊。也就是说，我们既可以拥有一切，又一无所有。我们是人类集体中有价值的一部分，既不是无关紧要的部分，也不是整体的总和，但我们产生的影响却真实存在。

　　我们要保持积极的信念，并以谦逊的态度去寻求他人的支持。相反，缺乏信念的人往往以自我为中心，常常被孤立。谦逊是一种力量，赋予我们主观能动性。这就是为什么我们没必要穷尽一生去完成所有的事情,因为我们总是有很多的东西需要学习,总是有很多的资源可以利用。真正的谦逊之心会不断提醒我们,由于我们在整个人类社会中是相互关联的一环,因此我们拥有极大的个人价值。

集体的力量：在相互给予中获得

我们每个人都是家庭、团体和社会的一部分。作为一个集体，我们十分强大，能够排除万难。

然而，我们并不总是能体验到这种相互联系的真正力量。当我们在逆境中挣扎或者被孤立时，常常会把自己与他人隔绝。我们感受到的联系也肯定会因事情重要程度的不同和人生阶段的不同而不同。但是，请想想看，78亿人口的庞大规模以及我们拥有的集体资源、知识、经验、历史和博爱，意味着我们拥有的东西远比自己想象的要多。

我们没有必要为了获得资源而认识地球上的每一个人，只需认识一个新朋友就足够了。我们可以让办公室的某个人帮自己做让自己头疼的项目，也可以向自己的配偶、孩子、父母或其他重要的人敞开心扉。更重要的是，我们不应该简单地认定这是一个好主意，这只不过是我们为了更好地生活而需要做的事情。

虽然这个想法很好，但并不代表我们要刻意追求这种状态。我觉得我已经说得够明白了。事实上，与他人互动会直接对我们的生理产生影响。

一项研究表明，被社会孤立的中年男性在一年内遇到过三次或三次以上强烈的压力，其死亡率就会增加两倍，但是对生活在亲密关系环境下的男性则没有影响。[1] 在另一项研究中，重症监护室的研究人员发现，有新病人进来，会对其他病人产生安慰作用，会降低其他病人的血压，减缓阻塞他们动脉的脂肪酸分泌。[2] 这就意味着，我们的心脏确实受到我们所爱之人的保护——研究证实，人们在亲密交流的过程中，心率确实会保持同步。[3]

我们的身体生来就是让别人改变的，无论我们是需要帮助还是支持，我们与他人之间都存在一种情绪互惠。

负面情绪会影响我们的身体——焦躁失眠，思维混乱，精力不足，食欲不振——但我们往往忽略了自己与他人的联系也能产生积极的反馈。

> 与他人的互动会直接对我们的生理产生影响。

丹尼尔·戈尔曼（Daniel Goleman）是情商领域的顶尖专家之一，他对人类的大脑进行了探索，发现大脑会对人与人之间的联系产生极强的反应。在《情商》（*Emotional Intelligence*）一书中，他将

---

[1] 彼得·德鲁克（Peter Drucker）、克莱顿·克里斯滕森（Clayton Christensen）和丹尼尔·戈尔曼（Daniel Goleman），《哈佛商业评论10本必读书：自我管理》（*HBR's 10 Must Read: On Managing Yourself*），《哈佛商业评论》（*Harvard Business Review*），2011年1月。

[2] 出处同[1]。

[3] 也许这就是为什么人们一直以心形作为爱的象征——我们的整个身体其实都受心脏影响。

人体中所有的自我调节系统都定义为闭环系统。[1] 例如，我们体内的循环系统可以在不受外界刺激的情况下，通过身体内部的病变自动运作——进行"告知"和调节。虽然它会受到外部因素的影响，比如由止血带造成的静脉收缩，但是它不需要反馈也能正常运作。

情绪系统有一个开环系统，它由大脑边缘系统控制。它不仅会与他人产生联系，而且需要通过与他人联系来控制我们的感觉和情绪，然后继续影响身体其他系统的功能。[2]

这从最基本的层面上保护了人类的未来。

如果我的大脑边缘系统和情绪系统关闭，我将完全不受我孩子的哭声影响，但是由于我们会对他人的举动做出反应，所以我立即就会被他们的痛苦影响。他们的痛苦信号会触发我情绪上的救援反应，能让我去安抚他们，凭直觉去知晓他们的需求。我的孩子目前的年龄从3岁到19岁不等，这就说明，20年来我们家一直有蹒跚学步的孩子——他们会在大半夜醒来，有的在地毯上呕吐，有的在剪自己的头发，有的因我给他买了他想要的东西而兴奋大叫，有的在一遍遍地看《小猪佩奇》《缤纷扭扭四人组》，还有的在不停地玩《邦尼的冒险》游戏，等等。没错，我被这奇妙的开环系统触发过很多次，我一再自我安慰说，这是一件幸事。

---

[1] 丹尼尔·戈尔曼，《情商：为什么情商比智商更重要》（*Emotional Intelligence: Why It Can Matter More Than IQ*），班坦图书公司（Bantam）出版，2012年1月。

[2] 布鲁斯·P.多尔（Bruce P.Doré）等人，《帮助他人调节情绪会增强自身的情绪调节能力，减少抑郁症》（*Helping Others Regulate Emotion Predicts Increased Regulation of One's Own Emotions and Decreased Symptoms of Depression*），《人格与心理学报》（*Personality and Psychology Bulletin*），2017年3月。

然而，现实就是我们在不断地向周围的人提供我们的反馈，并接受他们的反馈，吸收他们的情绪，分享我们自己的情绪。因此，为他人奉献会带来一种情绪力量，而生活中的其他事情却很少可以达到这种效果。

我仍记得，在我十几岁的时候，有一段经历让我非常惊喜。当时，受人邀请，我和几个朋友去拜访了几位在星期日无法去教堂做礼拜的老妇人。一开始只是将这当作义务，但很快就变成了几个小时的闲聊，之后这就成了我每个星期日下午的日程。

有一位妇人叫丽塔·康纳，我们是好朋友。那时，我18岁，她80岁，但是我每次都很期待我们的见面。每次拜访之后，我一整天都很愉快，这成为我随后一周的一个好的开始。随着时间的推移，如果我遇到了工作、学习或生活上的压力，我第一个想法就是去见她。

她会笑着告诉我，我有多体贴。这些拜访对我和她来说都非常重要。有时我们会聊一聊这星期内发生的事，有时她会凑到我耳边讲述她年轻时的故事。大约谈了一小时之后，我就不得不回到我自己的生活中，我们会互相告别，双方都感到无比快乐。

没有比这更好的方式：在互相给予中获得力量。

从为他人奉献中获得价值

我想在此承认，不堪重负的感觉常常让人觉得建立人与人之间的联系是天方夜谭。在我感到压力特别大的时候，如果我的日程表上仅仅多了一项任务，我就会感觉任务太多了；如果有人对我说"走出去，做好事"，我立即会感到沮丧。

但是，请不要担心：做好事这个简单的想法就足以改变我们大脑中的化学反应。

心理学家玛丽安娜·波戈斯扬（Marianna Pogosyan）在《今日心理学》（*Psychology Today*）中写道：

> 通过许多例证发现，无论行大善还是做小事，都不仅会让我们感觉良好，还会带给我们好处。比如，志愿者幸福感提升和抑郁降低的成效已经被反复记录在案，这与利他主义行为的目的感非常相像。[1]

---

[1] 玛丽安娜·波戈斯扬博士（Marianna Pogosyan PhD），《帮助别人，就是帮助自己》(*In Helping Others, You Help Yourself*)，《今日心理学》(*Psychology Today*)，2018 年 5 月。

因此，我们不仅能从自己的痛苦中发现意义，还能从为他人奉献的过程中获得价值。二者相辅相成，一者对另一者犹如止痛药。从实际意义上讲，奉献可以是有形的，就像伸出援手一样；也可以是简单的，就像捐赠一样。波戈斯扬还写道：

> 即使在钱财方面，把钱花在别人身上也往往比花在自己身上更令人幸福。一份来自功能磁共振成像（fMRI）的研究证明，大脑中的慷慨与快乐情绪之间存在着联系。例如，向慈善组织捐款能够激活大脑边缘系统，这里也是对金钱奖励或性爱做出反应的区域。如此看来，仅仅是产生慷慨的想法及做出慷慨的承诺就能刺激神经产生反应，让人更加快乐。[1]

了解到快乐只需要一个想法，这何尝不是一种解脱呢？如果我们生活困顿、心情沮丧、紧张焦虑、灰心丧气，只要想到以某种方式行慷慨或善良之事，我们就会立刻愉悦起来。

因此，不难发现，当我们需要帮助的时候，谦逊可以给予我们力量去寻求帮助，也可以让我们从孤立无援的状况中走出来。这也就意味着，我们知道有人在爱我们、相信我们，我们就能够从中获得前进的力量。除此之外，无论我们产生了伸出援手帮助他人的想法，还是我们付诸行动去鼓舞他人，都会反过来激励我们。

在为他人奉献的时候，我们的"情绪肌肉"会获得伸展，让我们获得前所未有的力量和能力，推动我们变得更好。

---

[1] 玛丽安娜·波戈斯扬博士，《帮助别人，就是帮助自己》，《今日心理学》，2018年5月。

我们优先要处理的事项

有时候我会因为太忙而无法为他人提供帮助,这种挫败感让我常常需要重新确认事项的优先次序。为了妥善照顾自己,我们必须诚实地评估自己的问题,如果发现自己总是在做一些无意义的事,就要给自己一些机会改掉这个毛病,去做好事。

有趣的是,"优先"一词的意思是"首先"或"事先"。这就说明它是一个单一的词,表示一种单一的体验。我们不可能有很多件首先要去做的事或优先要去做的事,但这并不妨碍我们去试一试。我们的日程表上全都是自己觉得重要的事,当我们的关注点不在这些事情上时,才算完成这些任务。有时,我们甚至会为了自我疗愈而在很长一段时间内去做无意义的事,比如毫无目的地浪费几个小时去刷社交软件,或者一边吃着冰激凌一边沉浸于网飞(Netflix)上的电视节目。但是,我们必须知道,无论我们多么沉浸于网飞上的剧集,之后还是要回来处理之前的事。

如果让我为真正的优先事项提出论据,那就是:花时间与他人建立精神互补的联系,在自己的日程安排中设置一些自我关怀的事情,不然你就会崩溃。这样一来,你可以更高效地处理一个个优先事项。

自我否定的冒充者综合征[1]

在我的职业发展轨迹中，我一次次地把自己抛入深渊，但又一次次地发现自己可以"游泳"。我申请的一些职位甚至都不完全在我的能力范围内，但不管怎样，我还是获得了这些工作，并在职场上表现出色。当我和妻子约会的时候，我确实有点力不从心，不过这都是题外话了。

每次有新机会出现时，我都很害怕，尤其是在面试之前，我觉得自己明显不合格——但是我认为自己的职业发展潜力很大，机会不容错过，所以我还是去了。

在面试之前，我的妻子会帮我做准备。我们会一起思考面试官可能会问的问题，然后写下每个问题的答案。连续两周，我们每天晚上都拿着列出来的问题进行模拟。她会从前到后、从后往前、按顺序、不按顺序地反复提问。然后，我也会问她这些问题，站在面试官的角度看看自己是否有其他问题需要练习。

在面试的时候，我感觉自己胸有成竹，但有一件事情我无法通过练习来提高：我太年轻了。我不仅年轻，还不够高大——参考

---

[1] "冒充者综合征"也称作"自我能力否定倾向"。

布鲁诺·马尔斯,但我远不如人家酷——当时我长着一张娃娃脸。我应聘的是一个很高的职位,可我看起来像一个小孩子!这种担忧就像房间里非常年轻的大象。①

他们提的问题,有95%都是我准备过的,我也回答得很出色。我准备的统计数据和模拟练习预测了他们的问题,我甚至还记住了他们创始人的名言:我绝对能搞定。

后来我的妻子来接我的时候,发现我看起来有些惊慌,她担心事情不妙。我说:"没有,一切都很顺利,我觉得他们会邀请我参加第二轮面试。"

她一下子被我搞蒙了:"这不是挺好的吗?"

"是挺好的,但现在我担心另一个问题:我一直沉浸在幻想中。我是否真的足够优秀,可以胜任这份工作?"

第二轮面试是在德国慕尼黑的公司欧洲分部进行的,大楼里有几百名工作人员,我将在一个价值十几亿美元的办公区与一家市值几十亿美元公司的高管面谈。我再强调一遍,我长着一张娃娃脸,眼睛里有点类似"小大人"的神气,我就在那里等待面试。

我感觉压力越来越大,觉得自己可能不该做这个决定,应该在家里舒舒服服地休息,而不是在外面焦头烂额。也许是我的野心让我失去了理智。

但是,面试进行得非常顺利,他们再次询问我是否还有其他问题要问他们。

---

① "房间里的大象"是一个英国谚语,用来形容一件显而易见但大家却视而不见、闭口不谈的事情。

在第一轮面试中，我问他们我的年龄是否会令他们感到担忧。这个问题是在面试开始的时候问的。这一次，我有了另一个想法，我坐在椅子上向前探了探身子，看着面试官的眼睛，问："我在这次面试中有没有说了什么或做了什么，让您觉得有理由不给我这份工作？"

我问过该公司的欧洲总经理这个问题，当时他眼里闪烁着光芒。虽然问这个问题显得很无礼，但他显然很高兴我问了这个问题。

他告诉了我一些关于内部候选人和制度问题的事情，然后给了我一些建议："如果你成功获得了这份工作，办公室里的一些人可能不会像你一样以同样的效率工作。你可以把前6个月当作蜜月期，让自己脚踏实地地熟悉业务，知道自己真正需要做什么。也就是说，如果你获得了这份工作，我完全允许你做任何你想做的事。"

那时我就知道，我成功得到了这份工作。最终，我进入了这家让我面对了旷日持久的调查和法庭诉讼的公司（具体内容见第2章）。当我为公司的利益做出艰难的决定时，有了高层的支持，一切都不一样了。我把在这家公司工作的经历和与我共事的同事都视为我职业生涯中的亮点。

我们是整体与部分的总和

如果我的雄心和好奇心没有战胜我的疑心和恐惧,那么我肯定不会考虑申请这个职位。毫无疑问,得到这份工作是一次胜利。然而,正如我在前面提到的那样,我有些担心自己年纪小、经验少,这也一度限制了我在这个岗位上的任职表现。

在我的职业生涯中,这一直是一个反复出现的主题:晋升新岗位,以新的方式拓展自己,获得加薪,怀着雄心和动力在公司中勇攀高峰。然而,每次我都会担忧:这次我肯定要坠入海底被淹死了。

我的妻子问我:"你什么时候才会觉得足够好?"

很不幸,我不确定自己能消除这种忧虑。据我所知,有些消极念头和负面压力永远不会真正消失。对于这种情况,我们必须学会妥善地处理。有时候,无论是对还是错,我们都会掩盖它们。有时候我们会用微笑和幸福的面具罩住自己的悲伤,而有时候会在自己被吓得瑟瑟发抖时表现得非常自信。

从我们的表现来看,这是一个很简单的逻辑上的飞跃,如果他人真的知道我们是谁、我们在想什么,那么我们其实很想知道他们会怎样看待我们。我们对自己给自己塑造的形象产生了依赖,却丧失了真实的自我。有些人还在与弱小的"谦卑"做斗争，还在"我们一无所有"和"我们拥有一切"之间摇摆。有些人则坚持我在前面提到的信念，即它们是整体与部分的总和。

如果你认为自己是"全人类的总和"，并不一定意味着你觉得自己比他人更优秀，但意味着你认为自己必须独自前行。因为你把自己和别人隔离开了，个人的力量成了你唯一的力量。你是整体的总和，但是你却与可以给你提供帮助的人切断了联系。这就促使你必须全力以赴，不能有任何弱点，也不允许犯错。这会带给你不堪重负的感觉和持续的压力。负担越重，就越没有喘息的机会。这意味着他人会从某种角度看待你，因此这一切都建立在虚假的基础上——冒充者综合征就诞生了。

顾名思义，冒充者综合征是我们对自己的一种限制性信念。"冒充者"会告诉我们，我们不称职，我们能力不足，或者在某种程度上是失败者——事实往往并非如此。其实我们知晓自己擅长哪些领域，但是我们的自我感觉往往与事实不符。要改变这一状况，我们就要相信自己不是自己所想的那样，而当别人发现我们确实不错的时候，我们已经表现得非常出色了。

基于此，我认为几乎每个人都是"冒充者"——我们都比自己想象的要好得多。

《成功女性的秘密思想》（*The Secret Thoughts of Successful Women*）的作者瓦莱丽·杨博士（Dr.Valerie Young）将冒充者综合征分为5个亚组，每个亚组都有自己的消极信念。这些亚组包括：完美主义者、超级英雄、天才、独奏者和专家。①

完美主义者为自己设定了过高的目标，当他们觉得自己无法达到期望时，就会陷入深深的自我怀疑中。他们可能是控制狂，认为正确的事情必须自己来做。

我最关心的其实是完美主义者，因为我孤注一掷的性格与完美主义者的缺乏信心有相似之处。如果想有效地减肥，我会决定每周至少去健身房三次、间歇性地跑步、采用间歇性饮食法、晚上6点后停止进食，并严格遵守与现在完全不同的饮食方法。虽然这可能是一种合理的高标准生活方式，但现实却是我永远无法一次性完成以上所有的改变。我该怎么办呢？无解。

"超级英雄"从外表更难发现，他们的消极想法更多地表现于内在，在所有类型的"冒充者"中，这群人无疑是最大的"冒充者"。他们具有工作狂的倾向，这会掩盖他们内心的不安全感。他们促使自己努力再努力，只是为了满足他人的期望，并为自己赢得声誉。他们常常听到的话是："你工作也太努力了吧！""你总是下班最晚的那个人，怎么这么棒？""为了完成这个项目你熬夜那么晚，真不错。"

如果说完美主义者是由自我挑剔滋养而成，那么"超级英雄"则需要获得别人的认可，归根结底，他们认为自己必须比周围的人更努力，才能证明自己的价值。"超级英雄"对认可的需求有时太过强烈，因为他们想获得所有人的认可，让其他人承认他们在世界上的地位。

---

① 瓦莱丽·杨，《成功女性的秘密思想》，柯润斯出版社（Currency），2011年。由梅洛迪·威尔丁（Melody Wilding）在《冒充者综合征的五种类型及如何战胜它们》（*The Five Types of Impostor Syndrome and How to Beat Them*）中做了描述，《快速公司》杂志社（Fast Company），2020年1月。

如果有个人对他们感到失望,他们就会恐慌,因为在他们看来,如果这个人不认可自己,自己就没有任何价值。

"超级英雄"并不总是最努力的那个人,但却是跑来跑去为每个人做好事而不顾自己需求的人。我们赞扬他们善良、富有同情心和牺牲精神,而这也是鼓励他们继续前行的动力,因为如果没有外部的认可,他们将一无所有。

有时候,拥有快速学习的能力是一种优势,但对于"天才冒充者"来说还远远不够,因为他们根据做事情的轻松程度和速度而不是努力程度来判断自己的能力。如果他们需要很长时间才能掌握某个事物,他们就会感到羞耻,认为自己很没用。他们认为自己必须是最快达成目标的人,他们把自己的价值与处理事情的速度联系在了一起。

"天才"一般希望自己在第一次接触一项技能的时候就能毫不费力地学会它,不给自己留出时间去学习。在我比较小的孩子身上,我经常看到这些表现(尽管这与年龄无关)。例如,如果他们在第一次打网球的时候发挥不太好,他们就不想打了。这种表现会扩展到生活中,他们会缺乏信心,会有很多"应该"的想法:我现在应该能做到……生活应该更公平……这不应该发生在我身上……那个人不应该承受这么多……这件事应该来得更早一点……应该不会那么难……

这是很危险的,因为他们为这个世界创造了实际上并不存在的规则。

"独奏者"在观念上与"天才"密切相关,他们相信自己永远不用寻求帮忙。对于他们来说,互联性揭示了他们的不足之处。他们不是不想获得帮助,而是认为只有亲力亲为才能证明自己的价值。他们被负面的自我标签驱使；他们会告诉自己，他们有无法弥补的缺陷，永远无法合群，如果想被大家喜欢，就必须隐藏这些缺陷。

最后一类也很重要，"专家"会根据自己掌握的知识和能力来衡量自己的信心和价值，同时认为没有一种方法可以令自己满足，因此他们不断地以一种徒劳的方式来证明自己的能力。

他们害怕暴露自己经验不足或认知匮乏的缺点，这使他们无法追求新的经验和机遇。他们的消极信念是忽视自己身上积极的一面（包括他们取得的成就），只看到自己的缺点和失败。

其他缺乏信心的表现

我们思考什么、感受什么、相信什么，就会有什么样的行为。如果我们真的想改变自己，让自己更有能力，成为最好的自己，就必须先改变我们的想法。其他缺乏信心的表现如下：

- 灾难化：总是在担忧即将有一场灾难到来，那时一切都将被毁灭。再加上对认可的过度需求，这可以与"一切都是我的错"这种观念相结合。

- 解读心智：我们会根据他人的行为方式来判定他们不喜欢我们，而不管他们说了什么。

- 对现在永远不满意：总想着再做成一件事就可以放松了。然而，如果我们永远不给自己休息的时间，总是想着匆忙快进到未来，那么我们几乎每天都会惊慌失措和紧张不安，难以耐心地应对现在的情况，甚至不可能有耐心。

- 停留在过去：总想着如果我们能想清楚，就不会重蹈覆辙。一直在说服自己，一直在过度剖析自己的痛苦，然后因过去的错误而不断地自责。

> • 悲观：生活注定是垃圾，没有任何意义，毫无快乐可言，以这种情绪面对逆境，认为生活不值得奋斗。悲观主义者就是这样，他们觉得生活糟糕透顶，处处需要谨慎地面对。

如果我们不够小心，就会说服自己，认为这些观念是我们的资产。其实，完美主义者以高标准掩饰自己；对当下不满意的人以雄心壮志武装自己；贬低自我价值的人以谦卑束缚自己。[1]然而，当我们守住这些以自我为中心的观念，持续孤立自己，将注意力转向自身时，我们就会被一种强大的自我意识束缚。

与其与个人信念做斗争，不如弄清楚我们为什么要戴面具。我们要了解自己真正的样子；我们要知道自己能做什么，正确地将自己的自我价值放在自己要追求的目标上；我们要搞清楚自己与周围人之间的关系是怎样的；我们要知道自己在这个神奇的世界上有什么价值。我们要知道，我们有人爱、有价值，且无须向任何人证明。

真正的谦逊是认识到集体拥有改变世界的力量，我们在这个集体中也发挥着重要作用。这一信念非常强大，是集体力量赋予我们的信念，它可以让我们行动起来，真正在世界上做一些有意义的事。

---

[1] 约翰·科特（John Kotter）写了一本很好的书，名为《紧迫感》(A Sense of Urgency)，进一步探讨了虚假的情绪。

关注生活中好的一面

从词源学的角度来看,"感激(grateful)"这个词是在 1500 年左右引入英语的,拉丁语"gratus"的意思是"愉快的"。以前,人们关注的是"欣赏"而不是"感激",因为巨大的痛苦并不总是令人愉悦,但几乎都是有价值的。然而,在这里,我希望大家重新将关注的重点放在"感激"上。

如果你的银行账户里没什么钱了,银行只向你提供账户余额,你应该不会在该银行停留很长时间。相反,如果他们把银行流水非常详细地告诉你——好的方面和不好的方面都有——并对你值得认可的地方给予赞扬,结果就会有很大的不同。

当你关注自己的生活时,一定要衡量它好的一面,用心去感激那些带给你愉悦的事情,同时要欣赏那些令你不愉悦的事情。

维多利亚时期的艺术家詹姆斯·麦克尼尔·惠斯勒(James McNeill Whistler)曾经画过一束小小的玫瑰,他非常喜欢这幅画,所以要把它留给自己。他的拥护者对此颇感沮丧,因为他们也喜欢这幅画,想收藏它,惠斯勒一再拒绝。当被问及为何不把这幅画——自己最出色的作品之一卖掉时,他这样说:

> 每当我觉得自己的手不听使唤时，每当我怀疑自己的能力时，我都会看着这一小簇玫瑰，对自己说："惠斯勒，这是你画的。你的手勾勒出了线条，你的想象力构思出了颜色，你的技艺把玫瑰画在了画布上。"这些都是我自己完成的，我认为自己还可以再完成一次。①

随后，他说了一句发人深省的话："把成功的记忆镌刻在你的大脑里，拿你的实力说话，不要因弱点而自责，适当的时候还是得想一想以往的成就。"

当一些重大而激动人心的事情发生时，我们很容易心存感激。如果你中了彩票，会立即谢天谢地；如果你升职加薪，也会感谢苍天有眼。但是，我们应该把目光放得长远一些，多感激自己身边的事，即便是一些小事，比如早上享用的美味早餐，享受崭新一天的生活、呼吸和锻炼，看到从身边经过的陌生人的微笑，等等。当我们细数这些小事时，就会发现，所有这些事情叠加起来就是我们快乐的理由。

可悲的是，许多人不把自己取得的成就归功于自己。虽然心怀感激不能消除生活中的挑战，但它可以给我们更好的看待问题的视角和更强的力量，让我们更好地应对挑战。

如果我对自己所得到的机会心存感激，那么我会充分利用它们；如果我感激周围的人，我就会更爱他们，更多地为他们提供帮助；如果我对自己所获得的技能心存感激，我就会继续磨炼技能并充实自己。

如果让我扮演一个角色，我一定会把它扮演好，因为这会让我的

---

① 根据美国作家斯特林·W. 西尔（Sterling W. Sill）的口述笔录。

人生更充实。我也将继续学习，使自己的潜能不断提升，这可以让我变得更好、更强，茁壮成长。心怀感激会将我们的视角从痛苦转移到更大的目标和意义层面。当痛苦和喜悦承载着目标时，我们会发现更强大的个人力量和集体力量。

接受逆境对我们的改造

在我们讨论第二部分的七个品质之前,首先要明白,这些品质不是我个人的愿望,也不是我浅薄的认知。这些品质都是我们根深蒂固的信念、脚踏实地的行动和成熟稳重的性格的组成部分,经得起时间的考验,值得我们尊重。如果无法拥有这些品质,我们的潜在损失就是我们潜力的丧失。正如有人所说:你可以数出一个苹果中种子的数量,但你不能数出一粒种子能结出多少个苹果。

然而,我要在此警示大家,面对逆境,如果我们拒绝培养这些品质,就会付出沉重的代价;如果我们不想面对挫折——不想像种子一样破土而出并成长,不想像蝴蝶一样分解和蜕变——我们将会面临风险;如果我们在很长一段时间内都深陷压力之中,就无法建立起与世界的联系;如果我们不愿意遵循生活指引的方向,就无法找到生活的目标。我们的自尊心、生活质量、人际关系及改变世界的能力都会因此付出代价。

拒绝成长或许是我们的一种选择,但这是自私的选择。你创建一家公司只为自己服务,开启一种生活只为自己享乐,还期望它坚固永存,这简直是无稽之谈。成长这件事比你和我都重要。我们只是在这广阔的世界中扮演着渺小却有价值的角色。这才是谦逊的本质,它需要胆魄、勇气和信念。

在本书的第一部分，我们探讨了逆境的必要性及逆境与人生目标和意义的本质关系。我们有责任在逆境到来时谦逊地接受。我们不应该有挫败感，而应该有意识地接受逆境，这样我们才能勇敢地面对逆境，理解逆境，并接受逆境对自己的改造。因此，我们的下一步是培养七项重要的品质，其中要培养的第一项品质是自律。

我们为什么要培养这些品质呢？因为相比于选择被困难束缚或顾影自怜，我们更应该选择勇敢而热情地将命运掌握在自己手中。逆境常常出现，即便是我们自己导致的。所以，培养这些品质能够使我们重新驾驭自己的命运。培养这些品质，就是在逆境中培养乐观精神，让自己不惧怕任何可能出现的挑战。

评估自我价值与困难之间的联系

在接下来的章节中，我们要面对具有挑战性的任务和困难。当你在挫折中追求自我成长时，当你的努力带来幸福、满足和力量时，要好好盘点一番。自我成长的过程是循序渐进的，可这种成长是何时初见成效的呢？

- 根据我们在上一章中讨论的内容，你会如何定义谦逊？
- 遇到挫折时，我们对于"我们既拥有一切，又一无所有"的理解是如何影响我们的选择的？
- 如果你在面对挑战时很害怕向外界寻求支持，那么什么可以帮助你做出正确的选择呢？
- 当我们更谦虚时，我们在生活中能获得什么好处？

第二部分
在自我赋能中成长的要素

一个幸福的人,他天生不会,
也学不会为他人奉献的意志。
诚实的思想,是他护身的甲胄,
追求真理,是他最高的才华!

他不受激情支配,
他的灵魂,始终直面死亡。
他与世界融为一体,
带着贵人的爱心或平民的气息。

他从不嫉妒,他人的机遇,
也从不嘲笑,他人的困苦。
他从不吝惜赞美,指引他生活的,
不是社会的规则,而是善恶的标尺。

流言蜚语,在他面前止步,
良知,是他坚强的归属。
他的尊严,使他不愿谄媚,
即使毁灭,也不让指控者得益。

他早晚祈祷,
赐予他更多慈悲,而非礼物;
用一本好书或一位知己,
把有益无害的日子欢度。

一个幸福的人,远离世俗的蝇营狗苟,
既不渴望崛起,也不畏惧跌落。
他没有富足的财产,却是自己的主人。
他一无所有,却拥有一切。

——亨利·沃顿爵士(Sir Henry Wotton),
《幸福生活的品质》(*The Character of a Happy Life*)

第 4 章
自律之心

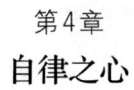

崇高的渴望催生高尚的行为，高尚的行为孕育坚强的性格。

几年前，我在英国伯明翰为一家小企业主举办过一次培训，其中一个主题是应该怎样制定有意义的目标，将自己从原来要去的地方带到自己该去的地方。讨论的核心原则是：强有力的"理由"造就有意义的"方法"。强烈的目标感有助于促进之后每一次的行动和结果。

在培训的过程中，现场的企业主回答了这样的问题："你想实现什么目标？""你为什么来这里？""是什么把你带到这个地方的？"我们听到了各种各样的故事，其中一位女士热情洋溢地谈论了她的健康状况和幸福事业。她用激情四射、势不可挡、天赋异禀之类的词描述了自己的目标：让人们恢复活力。

我问她从哪里获得如此强烈的情感动力，使她坚定地朝着明确而雄心勃勃的目标前进，她开始娓娓道来。她身患绝症，很多年来都在与病魔抗争，面对着无法预知的未来。不过现在她处于康复期，于是她想与大家共同分享健康生活赐予我们的礼物。她的故事非常鼓舞人心，不仅对她和她的企业有激励作用，而且对在座的每个人都有启发。

她身后的另一位女士举起了手。这位女士眼中充满热忱，但也略带沮丧，她大胆地说："我有一个疑虑。"

于是我请她发言。这位女士接着说:"我从来没有与绝症做过斗争,倒不是说我想经历一次,只是她那强有力的'理由'来自她巨大的痛苦,这不是我能体会到的。我对未来也有愿景,但我没有这样的经历作为精神支柱支撑自己。我该怎么办?我感觉自己像一棵扎根不深的树。"

在回答这位女士的问题之前,我先跟其他小组的学员进行了交谈。我问他们是否从这种艰辛的故事中获得了鼓舞,同时又有些沮丧——还有谁感觉自己也像一棵扎根不深的树?

现场大概有 80% 的人举起了手,大多数人感觉自己与人生目标有某种联系,但又觉得这种联系显得太肤浅或薄弱。

很多人觉得自己就像那棵根基浅薄的大树,并为此很沮丧,其实他们忽略了树根向下生长需要时间。如果说大树代表我们对未来的愿景,那么树根就代表我们实现这一愿景的渴望。渴望需要时间才能成长,当然也需要我们的培育,需要我们最热切的关注。在这个比喻中,大树和树根的生长速度是不一样的;同理,我们可以在短时间内形成对未来的愿景,但培养实现愿景的渴望则需要更长的时间。

对我们来说,最重要的一点是要接受教育,这样才能实现自律。很多生活或商业方面的专家会根据他们自身的秘密和人生发现,引导我们实现瞬间的改变。事实上，我们的思想也许会在一瞬间获得启发，但是提升心智却需要一定的时间，而且心智的提升必须有意义，才能让我们的行为产生持久的变化。所以，我要告诉大家一个坏消息：这个过程需要你的长期投入。但比起短期启发所提供的转瞬即逝的感觉，提升心智带来的好处会更持久。

> 我们的思想也许会在一瞬间获得启发，但是提升心智却需要一定的时间，而且心智的提升必须有意义，才能让我们的行为产生持久的变化。

我们需要的不只是激情

我们常说要追随自己的激情，特别是在制定宏伟目标时，需要给自己找一个"理由"来证明自己。通常情况下，我们会选择一些自己愿意去追求的目标。根据自身的经历，我们会认识到自己的天赋与兴趣、学识与爱好，从而让自己的激情有一个大致的释放方向。

回想一下上小学的时候，不擅长数学的孩子一般不太可能选择加入数学俱乐部，但他们也许在田径或艺术方面很有天赋，所以他们把课后的时间都用来做自己感兴趣的事，在做这些事的过程中他们还感觉时间过得飞快。

例如，上高中时我最喜欢的两门课是美术和音乐。如果课后时间我不在音乐教室，那你就去美术教室找我，我肯定在那里画画。到了音乐教室，我会迅速拿出乐器，然后尽情地练习演奏。我的音乐老师非常优秀，他经常鼓励学生们，和学生们的关系非常融洽，因此学生们在这种轻松的氛围中很容易坚持学习、持续练习并提高技能。

在学校年度作品展临近结束时，我的音乐老师发现我不在他的班里，便问我，他能否来看看我在美术班创作的作品。那天我非常得意，心中充满自豪。他在音乐课上给予了我很多鼓励，现在又这么关注我在其他学科上的发展，所以我很期待他对我在另一个学科上的表现发表看法。

午休时，他发现我正在美术教室做一个作品，就走过去和我的美术老师攀谈了起来，还看了我以前的一些作品。我偷偷听着，希望能听到更多他们对我天赋的认可。然而，在音乐老师浏览我的作品时，美术老师的反馈和我希望的不太一样。

"我不是美术家，"我的音乐老师说，"所以，还得请你帮我解读一下。本的这幅作品好在哪里？和其他孩子相比，他画得怎么样？"

我靠近了一点，想听到美术老师肯定的回答。他说："你也知道，本不是班上最好的学生。"我的内心一沉。

说实话，我有点失望。在音乐课上，我感到天赋给了我很大的动力，于是我坚信美术也能让我很享受。

然后我的美术老师继续给我上了一堂令我终生难忘的课："不过，他确实比大多数学生要强，不是因为他更有天赋，而是因为他更努力。"

天赋在一定程度上只能让我们走一定距离的路，但努力会让我们走上新的道路。通过努力，我在美术方面的技能和表现都有所提高，这激发了我对美术的激情，这种激情也助长了我在音乐方面的努力。总之，努力工作有助于激发激情，而激发激情又有助于努力工作。两者都是必需的，这也是为什么培养努力这一品质不是简单的"有心"就够了，还需要自律。

我惊讶地发现，激情和努力的关系可以追溯到其词源上。所以你不用仅仅只相信我说的话。"激情"（passion）一词可以追溯到基督徒肉体所承受的困难,它的词根来自拉丁语"pati"的过去分词词干,意思是忍受、经受或经历。因为与神有联系,所以这个词最初意为殉道者的痛苦,后来延伸为一般的痛苦。同一个词根,我们还可以引申出"同情"这个词,它有"和某人一起受苦"的意思。直到14世纪末,这个词才开始表示强烈的情绪或渴望。

也许我们承受的苦难中仍然存在着一些神性,因为它含有革命和变革的力量。巨大的挫折就像一位领导者,只要我们能让自律之心驱动我们的激情,它就能化平庸为卓越,化卓越为意义。

但我们不要误解了激情的作用。特里·特雷斯皮西奥(Terri Trespicio)是一位作家,也是一位演说家,她教导我们:激情熄灭就表明我们已经失去了它。她还认为,大多数人对待这个问题的态度何止是糟糕,简直是让人头疼!她还在一个网站上发表了一篇文章,其中写道:

> 你们知道所有人都跟我说他们的激情是什么吗?帮助别人,做乏味的事情。我说这不是激情。这是我们与生俱来的一种亲社会的本能,用来防止我们不再(完全)消灭彼此,也防止我们把自己孤立起来。有了激情,你才是人类,而不是怪物。你说自己的激情是帮助别人,跟你说自己很忙没什么区别。这两者都是凸显自己独特性的一种方式,都是在假设对方不想帮助别人或者不忙,但这种假设永远不会成立。(我也很忙,也很有激情,谢谢!)[1]

---

[1] 特里·特雷斯皮西奥(Terri Trespicio),《停止寻找你的激情:你应该这样做》(*Stop Searching for Your Passion: Do This Instead*),2020年1月。

不要把独特的激情和人类的情绪混淆，前者是指导我们的生活和推动我们的目标所必需的，后者是与他人相处时所产生的基本情绪或自然情绪。这么讲多少有点乏味。也许我们应该像以前的殉道者一样，在个人所经历的挫折中寻找真正的激情和人生的使命；也可以像今天的许多人一样，在自己真正热爱和重视的领域寻找激情。无论我们用哪种方式，都必须历经磨炼，保持自律，倾情投入，才能驾轻就熟，收获硕果。

以渴望为先导

渴望，顾名思义，是一种愿望——想要、渴求或觊觎某种东西。放到实践中来说，渴望是我们渴求的愿望。这个词的意义在于它的力量，我们渴望的程度强烈到能把自己送往前往终点的方向。因此，我们的渴望会成为自己的目标和行动方向——它决定了我们能成就什么样的事，成为什么样的人。即便我们不了解自己的渴望，对渴望带来的结果一无所知，这也是事实。

久而久之，即便是我们最隐秘的渴望也会暴露在自己的行动中。无论喜欢与否，我们反复思考什么，就会成为什么。

当然，一些外部因素也会影响我们的生活，如遗传学现象、生物学现象、境遇和环境等。然而，在每个人的内心深处，都有一个由自己支配的角落，这个角落受个人渴望的管辖。我们想要成为什么样的人，希望创造什么样的生活，就必须为已经付诸实践的渴望负责，从最小的愿望到最深的意图。

从根本意义上来看，我们可以把人类的良知视为一种与个人责任相关的渴望。

除了少数病态的例子，每个人天生都有一个几乎通用的是非标准。

不能说这个是非标准是"巨大的火焰",但至少是"微弱的火苗",它约束着我们的行动,指引着我们前行的方向。从蹒跚学步时的第一次互动,到成年后成熟老练的人际关系,我们逐渐了解自己的良知给予自己的恩赐,并学会了如何予以回应。这个标准不仅仅是是非对错的判断依据,更是内心问责的一种形式,帮助我们在自我发展中进行自我指导。而我们的责任是点燃火种,培养自己的渴望、训练自己的行动,使我们更成熟、更高尚。

行动和情绪的循环

如果你感觉自己像一棵扎根不深的树,你的雄心超越了你的目标,那就仔细审视一下自己的日常行为。我听过这样一句话:"如果你告诉我,你在不需要思考的时候都在想什么,我就会告诉你,你是一个什么样的人。"如果你想了解自己真正的愿望是什么,那就看看自己把时间都花在哪里了。

这棵树可能没有你之前想象的那么高大。尽管我们说需要动力去成就伟大的事业,但如果没有行动的一致性,就无法发展渴望,也无法打牢根基。同样,要追求自我的改变——从我们是谁到我们想成为谁——需要让我们的渴望与我们行动的方向保持一致。因此,渴望是专注于内心的。

这种有助于自我提升的训练方式,通常包括"发现理由"及回顾过往,因为你的行动力由你的情绪力决定。无论从字面意义上讲,还是从科学意义上讲,当我们按照自己的真实感受行事时,我们会成长得更快。在我们的大脑中,通往情绪中心的神经通路比通往认知中心的短。因此,我们的感觉比思维要敏锐。

我们只有读了一定数量的书,听了一定数量的演说,尝试了一定数量的方法之后，才能回归由强烈的情绪所激发的渴望中。在自主学习的过程中，我们的任务是将认知与感受保持一致，然后充分掌控自己的情绪，确保二者之间适当的和谐。

这就是我们要认清自己的真正"理由"：当渴望足够明确的时候，它可以强大到能够与所有的事物抗衡。

奇妙的是，渴望的悖论容许我们用行动来缓和情绪，就像可以用情绪推动行动一样。我们可以套用牛顿第二定律来解释——每一种渴望，无论它多么微小，都会增强我们成长的动力。行动跟随感觉，感觉也跟随行动。崇高的渴望催生崇高的行动，随着时间的推移，它会赋予我们坚强的性格，让我们的情绪反应更加成熟。因此，我们要以自律的渴望和相关的行动引导自己实现成功，尽情释放激情，让真正的成长生根发芽。

如果说思想是行为之父，那么情绪就是思想之母。

"缺失"教会我们的道理

"缺失"可以教会我们很多关于真正渴望的道理。结婚后不久，我和妻子就食物中毒了。这种感觉苦乐参半，又有点奇怪的浪漫感，因为我们一生中从来没有感觉如此恶心过，但由于这件事，我们的关系更加紧密了。病情好转后，我感觉有点难以置信，好像在此之前，食物从来没有这么好吃过。

同样，几乎在我的整个童年中，我的父亲都在世界的另一边，他住在威尔士，而我住在新西兰。从 14 岁到 22 岁，我没有见过他一次。他偶尔会寄一封信给我，答应来看我，然后再找个借口解释他为什么没来。每次他伤了我的心，我都会想，"以后我做了爸爸，会尽自己所能地做到最好"。这两个例子，一个体现了健康的缺失，另一个体现了父爱的缺失，它们都增强了我对幸福的理解和渴望，催生了我在这个机会到来时成为伟大父亲的愿望。

然而，并非所有的缺失都是由外力引起的。有了自律，我们必然会从生活中剔除一些行为，而这时我们真正的渴望就会显露出来。C.S. 刘易斯（C.S.Lewis）这样解释此类行为：

一个人只有努力去做好事，才会知道自己有多坏。当下流行一种观点：人们都认为好人不知道什么是诱惑。这明显是谎言。只有努力抵制诱惑的人，才知道诱惑的力量有多强大。说到底，要了解德军的实力，靠的是对敌作战而非举手投降；要知道风力的强弱，靠的是顶风而行而非仰面躺平。5分钟就向诱惑妥协的人，当然不知道一小时之后会是什么样子……从某种意义上说，坏人对于"坏"知之甚少，因为他们始终在向诱惑妥协，过着苟且偷安的生活。如果我们不努力与内心的恶念做斗争，就永远不会发现恶念的力量。[1]

我有一个朋友，在他酒精中毒康复初期，他的妻子向我倾诉："有时候我发现，比起他清醒的时候，我好像更喜欢他喝醉时候的样子。没有了酒精对情绪的影响，他就会更加易怒，暴躁不安，很难相处。"从表面上看，我的朋友在不清醒的时候，似乎更好一些——但这只是被安抚的、不受约束的欲望的表象。只有他愿意反抗的时候，这种束缚他生命的力量才能显露出来。

控制渴望能揭示我们真实的本性，不管它是好还是坏，我们都拒绝妥协。

这一段自律的过程比较艰难，需要我们迎风而立，直面"敌人"。控制渴望恰恰反映了渴望的强大，它需要我们付出时间，耐心练习，忘我地投入。

---

[1] C.S. 刘易斯，《返璞归真》（*Mere Christianity*），杰弗里·布尔斯出版社（Geoffrey Bles），1952年。

先从改变自己开始

我们都已经意识到,在人生的这个阶段,内在动机并不可靠。我不能仅仅因为没有精力保持自律而对自己不负责任。因此,我们必须寻找激励措施。为了让我们自己、我们的员工、我们的机构及我们的家庭始终朝着期望的目标前行,我们可以做些什么呢?

例如,在商业环境中,人们可能认为我们——特别是企业家和高绩效者——有着共同的核心经济欲望,但明尼苏达大学凯瑟琳·沃斯博士(Dr. Kathleen Vohs)的研究表明并非如此。在金钱的刺激下(别的方面暂且不提),参与研究者自愿帮助陌生人的意愿显著降低;而在一段介绍性谈话中,当参与者与某个人面对面坐着时,他们身体的距离会显著增加。

在她研究的企业家中,他们真正的驱动力截然不同:

- 竞争的刺激。
- 冒险的渴望。
- 创作的快乐。
- 团队建设的满意度。
- 实现人生意义的愿望。

为了实现以上任何一个愿望，他们都会冒险去追求自己的目标，而这些都是无法靠金钱激发的。[1]

企业家、CEO 和高绩效领导者为了保护其业务，需要在以上因素的共同作用下改变自己。圣雄甘地就曾教导我们，必须朝着自己希望看到的样子去改变——要想改变事物，必须先改变自己，无论对某个人、某场运动或某个组织而言，都是如此。要想重塑整个世界，必须先改变自己，通常从最引人注目的那些人开始。因为所有的目光都集中在他们身上，他们是最重要的榜样。

为了提高公司的绩效，最成功的 CEO 往往需要以身作则，以实现卓越运营与社会和谐发展为目标去管理公司。加利福尼亚大学洛杉矶分校（UCLA）心理学教授马修·利伯曼（Matthew Lieberman）[2] 在《哈佛商业评论》上发表的一篇文章中定义了这一追求面临的挑战。他指出，经研究发现，我们无法同时关注事物之间的联系和事物发展的进程。事实上，这两者由大脑的不同部位操控，而且大脑的不同部位无法同时工作。神经成像研究表明，这两个部位的功能就像一个跷跷板———一个工作时，另一个就要休息。

换句话说，为了获得更好的结果，我们其实是在与大脑执行过程对抗。有证据表明，我们在这一对抗中可以获胜，而且成功人士会取得相应的回报。戴夫·卡瓦哈尔（Dave Carvajal）是戴夫合伙人公司（主营猎头服务和领导力开发）的 CEO，他指出，那些能够将这些技

---

[1]《什么驱动了最优秀的企业家？提示：不是钱》(*What Drives the Best Entrepreneurs？Hint: It's Not Money*)，《福布斯》杂志 (*Forbes*)，2013 年 2 月。

[2] 马修·利伯曼，《领导者应该关注结果，还是关注人？》(*Should Leaders Focus on Results, or on People?*)，《哈佛商业评论》，2013 年 12 月。

能结合，并在大脑两个区域之间实现有效转换的人，有 72% 会被评价为"伟大的领导者"。①

作为一家大型国际企业的前总裁，作为一名丈夫和父亲，我总结出了一条经验，无论是对企业经营的追求，还是对和谐社会的需求，抑或是对个人榜样的崇拜，都不是一个集体环境中应有的标准。但是可以说，我们都认可其必要性。如果我们不是自己人生的 CEO，那谁是呢？难道我们没有责任承担合理的风险来掌握自己的命运吗？比起口头说教，其实我们的孩子更多地在效仿我们，对吧？我们每个人都渴望生活能在秩序与和谐之间取得更好的平衡，没错吧？这些都是过上美好生活的先决条件。

从试图寻找一个强有力的"理由"开始，我们就忽略了追求坚毅的性格。两者结合才能让我们更清晰地规划未来，也会让我们更好地应对周围的事物。有多少次，我们看到生活中那些有性格缺陷的人不断地做出错误的选择？他们曲解人与环境的关系，向环境妥协，错失了机会，因为他们没有看到事情的真实面目，他们不能明智地解决问题。

要想同时拥有远见和个性，无论面对多大的挑战，我们内心的某种东西都必须与未来的某个清晰明确又鼓舞人心的状态联系起来。

---

① 戴夫·卡瓦哈尔，《每位 CEO 的最强渴望》(*The Strongest Desire of Every CEO*)，《小巷观察》(*Alley Watch*)，2017 年 4 月。

耕种、除草和养育

以前,我总想尽全力抓住一切,抓住每一个可能的机会,努力实现新目标,但我经常会失去动力。之后我便改变计划,换一个方向冲,最终也是筋疲力尽。我刚结婚那会儿,发现妻子与我的状态不一样,于是我向她描述了我们的这种差异。我感到有些沮丧,因为我们不在同一条轨道上。

这就好比我们以夫妻的身份努力爬同一座山,但我们走的路不一样,速度也不一样。我上山时有点像一只大黄蜂,飞来飞去,冲在最前面,然后想休息的时候就向后一倒。我会迷失在树林里,找不着路,而在返回原点后再次迷路。我们的路线有时候会交叉,可她始终在同一条路上匀速前行。

她想了想,觉得有道理,问我:"那你觉得哪条路比较好?"

"我也不知道,"我回答,"我只希望自己能一直走下去。"

花豹不能改变自己的斑点,但是很幸运,人类总能改变自己!意识到这一点后,我用了几年时间,逐渐把自己的渴望引导到一条既定的道路上。我可能会偶尔走偏,但总能重新找到这条路,朝着目标的方向,遵循自律的渴望,向着最终目标前行。

第4章
自律之心

现在，我脑海中出现的不是一只忙碌的大黄蜂，而是一个从容不迫又乐在其中的园丁，照料着他家周围的植物。土壤可以给他带来耳目一新的感觉——泥土的芳香和柔软会让他想起春天，春天会有新生命诞生，他会为此感到兴奋。园丁每天都仔细照料这些植物，密切关注着每一株植物的生长。他修剪那些不守规矩的葡萄藤，让它们沿着木桩和棚架生长，藤蔓只有遵守秩序，才能结出更多的果实。他给土地施肥，清理杂草，修剪生长过度的植物，再多摘几朵花放在窗台上的花瓶里。

根系的牢固程度与我们的付出成正比，我们付出得越多，可控范围越大，根系就会越牢固，而我们无法控制的东西只会让我们徒增压力。如果没有园丁的细心照料，就不会有生长有序的花园，所以我们必须有意识地开始我们的自律之旅。只有有了意愿，一切才会真正开始。

在这个过程中切勿着急，不要迫使自己的意愿一下子变成另一种状态。要给旅程留有足够的耐心，要与周围的人建立联系，并接受和感激自己所处的环境，这样我们才更容易做到自律——甚至感到快乐。如果我们能认识到旅程的价值并欣赏它，那么即使我们的愿景再渺小，即使我们曾经改了主意，想通了之后又回来，我们都能相应地调整自己成长的速度。如果这个成长的过程有点花费时间，千万不要打击自己，因为每个人都是如此。

改变是一场漫长的旅行

有时,必须先经历好几个"春夏秋冬",我们的渴望才能结出"果实"。耐心不是简单地等待一段时间,因为无论我们做什么,时间都会过去。我们必须让时间流逝得有意义,同时还要保持内心的坚定。

常言道:"你们常存忍耐,就必保全灵魂。"这句话反过来说也正确:缺乏忍耐力,我们就会失去灵魂。如果我们没有培养出自身性格的根基,无法让它在我们的心灵土壤中扎根生长,这棵大树就会不堪重负,我们往往就会半途而废。

有时,我们感觉好像无法控制自己的渴望,除非某种渴望将我们压垮。这何尝不是一种充满了奇妙感和挫败感的讽刺呢?但是,即使是那些通过创伤或巨大的困难来激发渴望的人,也必须不断地训练自己,才能将这种渴望保持下去。

改变我们的性格——包括约束我们的渴望——是一场漫长的旅行,而不是一场比赛。忍受挫折需要一定的耐心,实现梦想同样也需要耐心。

> 改变我们的性格,是一场漫长的旅行,而不是一场比赛。

谦逊是支撑我们做出牺牲的力量

由于渴望是由情绪驱动的，所以它通常非常专注于内心。自私是未经正确引导的渴望。

谦逊与我们在第 3 章中提到的限制性信念有一个共同点：它们都专注于自我。我们需要通过走出自我来培养谦逊的品质，同样也要通过走出自我来接受挑战，正确引导自己的渴望，培养品格。要想获得幸福，就要放弃私欲和私利。所以，为了以后能取得最好的结果，我们现在必须在一些事情中妥协，必须牺牲一些东西（无论是好还是坏）。

如果缺乏谦逊的态度，耐心就会在这个过程中受到挑战。如果我认为自己在某种程度上超越了谦逊，我就不会接受这种挑战。那么，谦逊就会为我的目标助力，这就是谦逊存在的理由。在这个过程中，谦逊让我变得越来越有耐心。

当我们把一件事做得还不错的时候，会自我感觉良好，一旦我们感觉良好，就想做更多的好事，紧接着我们会发现，自律带来的不只是痛苦。因此，从以自我为中心的视角中走出来，是推动我们前行的一种方式。我们在逆风中站得越久，获得的经验就越多，就越有信心强化培养自己良好品质的渴望。

接受和奉献

我们可以在两个方面培养和控制自己的渴望：接受和奉献。要么接受很深的痛苦，并从这样的经历中体会到谦逊和出于必要而改变自己的渴望；要么超越自己，为他人奉献，在人与人之间相互联系的过程中变得谦逊，获得提升。这两者都行之有效，而且有时会同时发生。

对我们所处环境的感激，以及环境赋予我们的能量和支持，是所有品质的源泉。因为我们从中取得的进步是其他任何方式都无法提供的。

感激你呼吸的空气，感激照耀你的阳光，感激你拥有的健康，感激你生命中所爱的人，感激你生活的国家，感激你所经历的考验和逆境——如果不想感激，那就赞美它们。把感激说给自己听，你的行动就会获得反馈；把感激说给别人听，你们都会变得更加善良，你们的关系也会变得更加紧密。

把感激融进你的生活，随着时间的推移，它会让你看到机会、力量、决心、自律之心及充满激情的渴望。

一年中有四季更替，我们的生活中也有不断地相互影响的循环模式。我们经历得越多，就越能找到生命的意义；生命的意义越清晰，我们就会越有耐心；我们越有耐心，就会越谦逊，就会在磨炼中变得越强大。这样一来，反反复复的困难就转化为成长和收获，恶性循环就转化成了良性循环。

量化自己的改变

我很确切地说,今天的我已经不是几年前的我了。我诚实地看待现在的自己,感到非常庆幸,因为如今的我反映不出将来的我,可见,我们的改变能力是难以置信的。(谢天谢地!)

在实现目标的道路上,追踪进度固然重要,但我们经常在衡量努力的结果时忽略了努力本身。的确,我们都想要看得见的改变和进步,但有时改变的过程需要一段很长的时间,只要我们一次次地努力和振作,努力就会获得印证。

> 每一个正确的选择都值得庆祝。

我有很多根深蒂固的坏习惯,因此我犯过不少错。刚开始我怀着满腔热忱去努力改正,想重新振作起来再试一次,但是多年以来我都没能如愿,有一些坏习惯并没有消失,我因此为自己的无能感到气馁。后来,我发现自己掉进了一个陷阱里——是追求完美还是追求进步?衡量再三,最后为了顾及形象,我选择了内心的成长和进步。

我开始以不同的方式量化自己的改变,发现虽然我没有完全改掉某些坏习惯，但是已经有所改善。此外，经过反反复复的努力，我也培养了一些新品质：守信、坚持、奉献、同理心、理解、宽容和勇于接纳等。

我们常常羡慕别人拥有良好的性格，却容易忽略这是经过长时间的积累、磨炼和努力自律而形成的，需要付出高昂的代价——我们当下想要的东西。但是，渴望虽然强大，却无法控制我们，是妥协，还是把渴望向更好的方向引导，取决于我们的选择。

当你在生活中寻找这种自律的迹象时，记得对自己宽容一点，不要苛责。这不是在找借口，也不是在为自己的不当行为进行辩解，这是在教导自己要形成一个客观的观念：自律对我们的要求比我们想象的要严格。但是没关系，我们可以制订一些可行的计划，朝着最终的目标前行；可以称赞自己的努力，留意自己的性格何时开始变化，因为这不仅仅关乎我们的行为，更关乎我们在这个过程中会成为什么样的人。

敢于开始

有的人感觉改变会压得自己喘不过气来，或者认为根本不可能改变，抑或只是单纯地不相信会改变，其实尽可放心，因为产生这种看法不是起点，愿意相信自己才是起点。

相信自己能做出改变，才可以朝着目标一步步迈进。进步会赋予你信心，有了信心，步子才有可能迈得更大；而有了耐心和谦逊，你不仅能实现目标，还能收获意想不到的惊喜。

- 对比一下你对未来的规划与你立下的目标，感受如何？
- 是什么渴望阻碍了你的进步？
- 说出一些你现在正在做的事，或者将要执行的计划，以期让你的渴望与愿景保持一致。
- 在培养心智方面，耐心起到了什么作用？
- 为什么本章着重强调谦逊？它跟耐心和自律有什么关系？

第 5 章
学无止境

自律使人保持专注,接受教育能启迪心智。

我取得硕士学位的时间比较晚（我会在下文讲述这个原因）。23岁那年，我获得了英国一个平面设计方面的学习机会，于是我搬回了英国，因为从14岁起我就没有见过我的父亲，所以我也希望借此机会能和居住在英国的他见上一面。在来英国学习之前，我在新西兰奥克兰的一家小型广告公司工作，所以我非常想抓住这个上学的机会，以期在平面设计领域施展拳脚。

在学校的时候，我几乎从第一天起就觉得学什么都轻而易举。由于我已经有了一些行业经验，所以平时上课、考试对我来说就很容易。幸福来得非常轻松，好工作自然接踵而至，我开始飘飘然了。我不仅对自己的表现很满意，还开始设想毕业之后的未来——我将如何利用自己的教育背景，获得一份艺术总监或艺术设计师的稳定工作。我彻底生活在了自己的舒适圈中。

但是好景不长。

大约在我入学后第一学期过半的时候，我的导师拦住了我。他向我道歉后告诉我，我的入学申请有问题。

我出生在英国，父母都是英国人，有英国国籍和护照，我的家人都住在这边。但我是在新西兰长大的，回英国之前又在澳大利亚住了几年。我的导师向我解释，我的申请没有通过，必须在英国连续居住至少3年才能入学。因此，我被贴上了留学生的标签，没有资格获得

第5章
学无止境

任何学生贷款、助学金及任何经济支持。如果我想继续上学,就必须提前支付上学的所有费用,而在那个时候,这笔开销相当于我做兼职工作一年的收入。

我看着导师,他身边的楼梯通往我要上课的教室。如果我不答应支付费用,就不能去上课。

我强忍着泪水,转身回到我的车里,那是我贷款买的车(我生命中第一次,也是最后一次贷款买车),我非常后悔买这辆车。我收拾好东西,开车回了家,不知道接下来该做什么。

在那一刻,我真的非常需要我的妈妈及陪伴我一起长大的家人,可是他们却在地球的另一端。我没办法增加收入,也没有机会继续接受教育,我觉得自己被困住了。而就在同月,我的继姐在新西兰去世了,我非常想参加她的葬礼,可是我没办法回去。此外,我的女朋友,也是我最亲密的朋友金,当时也把我甩了。我的父亲还被指控有罪,要在监狱里待很久。

情况就是这样。我什么都没有了,只剩下一份兼职工作。我独自在地球的另一端,远离几乎所有我认识的人和我爱的人。

我们常说:"一宿虽然有哭泣,早晨便必欢呼。"渐渐地,我生命中那个可怕的季节终于过去了,寒冷的冬天终于变成美丽的春天。而且天遂人愿,我的女朋友金也改了主意,大约一年半后我就和她结婚了。

几年来,我的事业蒸蒸日上,但感到越来越沮丧,因为我没有学位证书。我已经和正规教育无缘,但这并不代表我从此就卸下了继续学习的任务。这个目标太久没有实现了——身为掌管17个市场的销售总监,我的职业生涯如鱼得水;身为5个孩子的父亲,我的家庭生活充实而幸福——我觉得时机到了，准备再次开始攻读学位。

基于我的工作经历，我本可以在几年内获得 MBA（工商管理硕士）学位，但我不是为了获得证书，而是为了培养自己的心智。我最终选择了英语语言文学硕士学位，因为我认为掌握语言可以让自己胜任领导者工作，毕竟要想让领导能力越来越强，就要有更强的语言说服能力和个人榜样作用。

在接下来的 5 年里，我完成了学业，又有了两个孩子，成为公司欧洲分部的董事兼总经理和全球总裁（负责 35 个国家的市场业务），搬了 4 次家，从英国搬到了美国，几乎走遍了我负责对接的每一个市场，甚至有些市场我还跑了很多次。取得硕士学位后，我履行诺言，除了把最基本的东西留下来之外，把其余的一切都抛之身后，这样我才能实现目标。我当时的日常生活就是负责完成工作中的事情，还有寻求工作、生活、家庭及学业之间的平衡，再加上我中途做了一个手术，在轮椅上坐了两个星期。

无论从哪方面讲，我们都应该始终把保持学习放在第一位。为了学习，我牺牲了一些东西，但同时也丰富了自己，而我也从未如此欣赏过自己。尽管在出差过程中我的另一个孩子出生，还经历了升职和搬家，但是我从来没有拖延过任何一项任务，其中一项任务还是我在手术康复期间强忍着病痛完成的。

我对学术的热爱已经延伸到了对各种形式学习的热爱。提高学习能力就是在开阔自己的视野，提升自己的能力。

随着认知的提升，恐惧和迟疑会慢慢消散，信心、信任和信念会越来越强。

教育的特权与责任

　　知识就是力量,这句话我们应该都听说过,它非常适合当今时代,我不知道还有没有比它更适合的其他表达。几百年前,我们在同一个地方出生、生活,直到死亡。那个时候,文化中心主义——以自己的视角和偏见看待另一种文化——就是他们的标准,一个人发现某些人的行为与自己的不一样,催生出"野蛮人"这个概念。虽然这一现象没有绝对的是非对错,但是足以证明无知是多么可怕。现在,随着技术的进步,我们可以放眼整个世界,能获取的信息和观点都是前所未有的,而随着知识的积累和认知的提升,未来也许会再次发生一场期待已久的启蒙运动。

　　要想看清教育的本质,我们不妨后退一步,试着从宏观的角度来看待这个问题。知识有一种变革性的作用,它会让无知和恐惧无法立足。教育是提高容忍度、增强理解力、拓展技能和发展社会的关键环节。教育能帮助人们启迪新思想,发现新自我,进行自我完善。

　　无知会引发恐惧,如果我们不想办法解决,必定会引发一场灾难。所以,从一个非常实际的意义上讲,全民扫盲、全民教育并提倡接受高等教育逐渐成为社会进步的迫切需要。

最年轻的诺贝尔奖得主、女性教育活动家马拉拉·优素福·扎伊（Malala Yousafzai）就将教育作为她对抗恐怖主义的方式。她通过多种途径向大众传递了这样的观念：接受教育是女性的权利，而权利正是恐怖分子所害怕的。如果我们想要确保人人平等（无论种族、性别、社会阶层或其他任何偏见），那么教育平等至关重要。

在一些发展中国家和地区，教育不平等往往会导致童婚，会让基于性别歧视的暴力事件增加，也会导致孕产妇的死亡率升高。美国一份致力于人文和政治领域的著名杂志《博根》（*Borgen*）曾汇总过教育给全球带来的益处。以下是其中一些令人印象深刻的方面：

> 教育会改善人们的健康状况，削弱恐惧和偏见，提高包容度和理解力，严明纪律，提高工资收入，增强自信心，增加社会参与度，提高批判性思维能力和沟通能力，增强目标感和成就感，拓展新技能，启迪新思想，发现新自我，完善自我，减少犯罪活动，提高环境质量，促进性别平等，等等。

他们详细指出，造成贫困的首要原因是缺乏教育。联合国的全球目标（UN's Global Goals）指出，如果所有儿童毕业时都具备基本的阅读能力，那么就可以有1.71亿人摆脱极端贫困。识字率高的国家，人均收入也较高，经济也更发达。而相比之下，有大量人口生活在贫困线以下的发展中国家文盲率也比较高。可耻的是，世界上有7.75亿成人文盲，其中有三分之二是女性。

教育的好处也不仅仅在于识字，一个人受教育的程度越高，他获得高薪工作的机会也就越多。根据全球教育合作伙伴组织（Global Partnership for Education）的统计，一个地方的学校教育每增加一年，该地的经济收入就会增长约10%。

与教育联系在一起的不仅仅有经济利益，还有健康效益，如果一个孩子的妈妈受过教育，那么这个孩子就更有可能过上健康的生活，而且在他的成长中，不太可能会出现营养不良的情况。这不仅是因为更好的教育会给家庭带来更好的选择，还因为教育会增加他们的家庭收入，从而让家人能够吃得起更好的食物。教育还可以防止犯罪，因为它有助于人们形成是非观念，增强对社会义务的理解，并创造工作机会。

最令人惊讶，并且也许与我们这个时代关系最大的是，教育也会带来环境效益。我们受教育的程度越高，环保意识就越强，就越能够在全球气候危机中采取更负责任的行动。此外，从最简单的利益层面上讲，绿色产业由受过教育的人管理，更能实现可持续发展。

如果你在一个能接受教育的地方阅读本书，请认真地问一下自己，你是否充分利用了这些特权。在一个全民学习的时代，我们有义务竭尽所能地扩大知识储备量，这既是为了我们自身的利益，也是为了未来更伟大的社会希望。

必须对自己负责

几年前,我和我的哥哥还有他认识的一些从新西兰旅游回来的朋友一起聊天。我的哥哥说新西兰很美,他非常喜欢住在奥特亚罗瓦①(Aotearoa),毛利人把那里称为"天蓝地阔之地"。

这时,其中有一位朋友说:"我感觉那个地方很棒,等我买彩票中奖了就去那里旅游。"

我们从他的这句话中知道,他已经放弃了去新西兰旅行。然而,这就是我们许多人对待梦想的方式:等星星升起……等存够了钱……等机会出现……等万事俱备,就会采取行动。我们这样说的时候,其实就是在欺骗自己。

从本质上讲,这些借口是将自己的命运和未来交给了运气和机会。

虽然我相信吸引力法则这个最纯粹的概念,但是,仅仅通过把积极向上的信号传递给宇宙这种做法,是在曲解这一法则。我从来不在开会时向员工灌输这种思想,因为实现成功的方法和正确的心态同样重要。如果我们不研究取得成功所需的条件,怎么能知道该如何成功呢?无论是接受正式教育,还是非正式教育,都不会让成长的过程存

---

① 新西兰的毛利语音译名。

在太多不确定的因素。

保持自律和不断学习,绝对是实现目标的必要条件,对我们的成长至关重要。我们必须对自己负责,用心培养这两种品质。

接受过教育之后,我们就能在合适的时间把握住机会,而在遇到挑战时,我们也会具备应对的能力。如果没有受过教育,知识储备还不够充足,那么即便愿望再美好,渴望再强烈,也无法实现目标。我们要学会修炼自己的内心,学会控制情绪,用知识武装自己的思想,以照亮前方的道路。

学习过程中的阻碍

实现任何梦想都需要经历输赢、痛苦和蜕变，更要从中汲取智慧，而这个过程往往超乎我们的预料。许多人在发现取得胜利所要承受的代价比他们最初设想的要大时，就会选择拐小弯，走捷径，安于现状，得过且过。

如果成功的路上没有阻碍，就无法培养出坚强的品格，梦想也就无法实现，别人还可能会趁机利用你美好的想法和辛苦赚来的钱中饱私囊。

我在刚成年的时候，把对音乐的热爱发展成了早期的职业。我最好的朋友理查德和我都玩爵士乐，当时，我们到新西兰的各个地方进行巡演，为广播站、电视台表演过节目，还在大型节庆盛典上演出过，甚至还为新西兰王室演奏过几次，当时我们非常开心。我们俩是合作演奏的——他吹小号，我吹长号，一开始在迪克西兰乐队，后来加入了大型乐队和爵士乐团。我们还认真学习了迪兹·吉莱斯皮、迈尔斯·戴维斯、查理·帕克、约翰·柯川、J.J.约翰逊、柯蒂斯·富勒、昆西·琼斯及其他爵士乐大师的作品。

这就是我，一个住在新西兰的英国白人小孩，却为几十年前的非裔美国人的爵士乐着了魔。有时，我听着这些爵士乐大师的作品，会为自己的出身感到惋惜，我希望自己来自我所崇敬的国家，生活在我所敬仰的时代。我还观察了他们的民族特征，发现了一些共同点，再对比自己的出身，我觉得自己演奏得很差劲。我出生于英国一个白人家庭，创建过管乐团，但是由于我肘部的推拉动作非常难看，颤音效果显得非常夸张，所以我对此感到非常沮丧。①

我的这些表现，在我喜欢的酷派爵士乐演奏者面前，简直相形见绌。与这些大艺术家相比，我觉得自己像是一个穷困潦倒的流浪汉，在寒风中透过餐厅的窗户往里看，羡慕又渴望地看里面的顾客享用热气腾腾的美食。我也想进去，可是在我天真的认知里，出身于某个民族才算握有入场券，所以我既惋惜又期待。但是，我出生于白人家庭，没有他们那么酷，我们还来自不同的时代，再美好的期待也改变不了这个事实。

关于入场券的这个想法确实有些奇怪。但是我想说的是，无论我的渴望有多强烈，都无法弥补天生的差异，无法奠定现实的基础。我们要理解这一点，因为这对于非正式教育至关重要。

一个受过教育的人的成长目标是基于终身学习产生的，这要求我们不停地拓展知识面，吸收不同的见解，丰富自己的阅历。而这也导致我们接受的大部分教育都是由我们自己决定的，因此很容易出现错误。

自律使人保持专注，接受教育能启迪心智。

---

① 请不要问我过多关于肘部推拉动作的问题。我记得，好像是一个孩子在吹小号的时候，偶然动了一下他的手肘，就发出了那种令人难以置信的颤音。我久久不能忘却，为此还很不争气地怪罪自己。

为了培养真正的渴望，必须克制住冲动。同样的道理，在自我教育的过程中，我们必须谨慎地追求自己的私利。

要想成为最好的自己，就必须否定自己，这是一个悖论，但是千百年来，却有无数的智者为此发声。这句话的精神内核告诉我们，为了更好地教育自己，不能像我当年想成为一名年轻的爵士乐手那样愚蠢，我们必须把学习搭建在正确的原则、合理的现实及纯粹的真理之上，千万不要痴人说梦。

在正式教育的环境中，老师可以为我们过滤信息，给我们呈现准确而新颖的观点；在工作环境中，我们跟着老板和专家学习，从某种程度上说也是一样的道理。但是，在自我教育中，我们必须成为自己的过滤器，入门之前，先搞清楚自己想得到什么，因为我们会接触到专家，也会接触到蒙昧无知的观点，还可能会遇到自我标榜的大师和江湖骗子，等等。

法庭不会只凭一个证人的证词就定罪，你也不该如此。对于你接收到的信息，一定要进行批判性的思考，尽量排除那些自吹自擂的人，因为他们只想赚你的钱。请记住，最响亮的声音、最受人喜爱的东西，并不一定都是真实的，特别是在这个社交媒体时代。迎合自己的偏见，纵容自己的急躁不安，这样的自我教育会满足我们的虚荣心，但对我们的个人成长几乎没有多少帮助。

进行自我教育要始终保持谨慎，我学到的一些有用的经验大部分来自课外。如果我们可以从多种角度看待问题，以批判的思维学习专业知识，以开放的心态改变自己根深蒂固的观念，那么我们的学习能力就会持续提高。

不断地充实自己

尽管我们在价值上是平等的，但我们在机会上并非生而平等，也并非都拥有相同的天赋，包括智力因素。值得庆幸的是，拥有天赋只是我们人生旅程的开始。我们可以通过学习和实践来拓展自己，让自己更聪慧。而随着我们不断地洞察自己的内心、了解自己的渴望并规划未来，学习和实践就会逐渐内化为自己的智慧。这就像数学中的方程式，我们可以不停地在等号两边添加内容，以让我们的智力达到更好的水平。

聪慧的对立面就是自满。我们要时刻提醒自己不要自满，同时还要推动自己接受更高水平的教育。不要因为恐惧教育或者害怕无法完成学业而退缩，记住，恐惧是无知结的果。尽管我非常希望自己能完成学业，但我也很害怕在离开学校多年后重新回到教室上课。

在我学习英语的时候，第一次做作业就非常发愁，我甚至开始怀疑自己。我觉得学校考试在打分环节存在问题，这往往会影响学生的形象。考试评分分为四个等级，上、中、下、不及格。这些评分会成为标尺，继而成为标签，定义了我们的学生时代。许多人会受到这些标签的影响，最终定义了自己的余生。如果我们在学校学习期间成绩很好，那么以后在生活中表现平平也无可厚非。但是，如果我们在学业上不太如意，可能就会觉得自己不聪明，甚至会觉得自己永远也不会变得聪明。

然而，我发现现实并非如此。我们在上小学时对自己有某种评价，不代表在成年后也会有这种看法；而一次作业获得的成绩也不能决定下一次作业的好坏。事实上，作为一个年长的学生，我之所以觉得现在的自己比学生时代的自己聪明得多，是因为从本质上讲，生活教会了我如何学习。

在拿到学位证书的时候，我的诊断结果还没出来，我仍需要与自己体内的恶魔进行对抗。在此期间，我将自己投入关于心理健康的图书和其他资料中，如饥似渴地学习专业知识。除此之外，我也一直在培养自己的学习能力，而且比在学校学习的时候更加努力。在这一过程中，我学会了自律，因此成为一名相比以前更加优秀的学生。

尽管我很焦虑，但我有更高远的期望和更强烈的渴望，而我也因此得以茁壮成长。

在成长的过程中，尤其是在面对恐惧或不确定因素的时候，我们要学会从小事做起。克服恐惧是人人都要面临的挑战，因为这种磨炼对于成长非常有意义，我们学到的越多，视野就越清晰，选择就越明确。

然而，我并不是主张每个人都要把接受正规教育并获得博士学位当作目标——我自己也没有达到这个高度，但是我们每个人都有机会和责任不断地拓展自己，往下一个阶段迈进。因为一旦我们止步不前，就注定会平庸。这要求我们不断地提高自身的竞争力——无论我们在何时何地学习何种技能。

作为父母，你可能需要研究孩子在不同成长阶段的特点，为担负每一个阶段的责任做好准备。作为领导者，你可能需要参加培训，以便更好地与你的团队建立联系，了解自己的专长。如果你打算从医，就应该及时了解自己专业领域的最新动态。不管从事什么职业，都需要你不断学习，不断充实自己。要对这种成长负责，永远不要满足于过去的表现。

拉尔夫·沃尔多·爱默生（Ralph Waldo Emerson）常说："只要我们知道如何把握现在，那么现在就是一个好时机，任何时候都是如此。"许多人都有同样的感觉：有时候我们知道需要抓住一些东西，需要把握一个机会，或者需要实现自己的价值，但常常在想要起跑的时候却不知道该往哪里跑。现在是需要我们采取行动（改变自己、成就自己、提升自己）的时候了，但我们更要知道该如何利用这段时间来实现这一目标。

知识就是起点。

用知识充实思想，不断学习，培养兴趣；保持阅读的习惯，翻阅纸质书，聆听有声读物或播客，建立起自己的书库；接受高等教育，多听专家的指导意见。接受正规教育，充实自己；认可每个人、每件事，根据所掌握的信息，形成理性的认识，再通过过往的经验和现有的认知去证实。

自我教育应该贯穿一生，要始终努力，提升自己的认知。然而，再强大的自律或再完美的教育也无法消除所有的不确定性，总有我们没有准备好的时候，还有一些我们尚未探究的领域，面对这种情况，我们必须依靠信念前行，而不是依靠眼力见行事——这就是我们将要在下一章探讨的品质。

提高你的学习水平

在此盘点一下你自己都受过哪些教育。从正规中小学教育和大学教育开始，接下来是工作中接受的培训、听过的课程和获得的证书等，然后想想其他的学习资源，包括研讨会、图书及播客等。现在，请你思考一下该如何提高自己的学习水平，以及还可以进行什么样的学习。

如果你始终身处困境，也不知道该如何摆脱，那么你会去哪里寻求解决方案呢？

如果你有很好的机会，但没有完全抓住，那么为了更好地了解自己前行的方向，你现在能做些什么？

知识可以消除不确定性。在你的生活中，有一些事情会引起你的焦虑，增大你的压力，而在接受了教育、开阔了视野之后，你是否可以缓解这些焦虑和压力呢？你有哪些获取知识的途径？

在本章所举的例子中，你能从更好的教育中获得哪些好处？

谨记，在自我赋能的过程中，接受教育会让我们懂得：学习应该主动，靠的是自我驱动。现在，命运掌握在自己手中，它没有被抛进苦海，我们的前途并不渺茫。知识就是力量，你可以想你所想，及你所及。

第6章
跟困难较劲的信念

前途未卜时,信念能决定我们的姿态。

在金生第一个孩子伊森时,我们既兴奋又紧张,急匆匆地赶到了医院。但是我没有做好准备应对即将发生的事情,当应用缓解疼痛的麻醉剂时,金感到非常恶心。无奈之下,她只好在不用麻醉剂的情况下分娩伊森。在临近伊森出生的时刻,她已疲惫不堪、崩溃欲绝。"我不行了。"她呻吟着。这时候,该我站出来帮助她了。

我拉起她的手,她紧紧地攥着,把我的婚戒都捏进了肉里。"本,我好疼!"我当时犯了一个大错,非常无知地——不,非常愚蠢地——问她能不能稍微放松一下,好让我先把戒指摘下来,因为她弄疼了我的手。"你觉得一枚戒指能把你搞得很疼吗?"她的表情完全没有一丝同情和宽容。实际上,我觉得她的表情中还带有一丝攻击性。不用说,她并没有放手,一直到今天也没有,我在想,在那之后她是否更用力地握紧我的手,只是为了证明自己的观点呢?

我忍着疼痛,继续坚持。"再用力一下,金,你可以的。"我尽自己所能给予她鼓励,尽力安慰她。她闭上眼睛,专注地用力,做深呼吸,她做得很棒。但产程远没有结束,她还需要经历更多次宫缩,所以我继续鼓励她,她似乎好转了一些。

"再来一次,金,马上就好了,你可以的。"她默默地用力,很快,伊森出生了。

第6章
跟困难较劲的信念

由于分娩过程中出现了一些并发症，在儿子生下来后，金被带到手术室里停留了大约一个小时。护士们推着她离开了，把孩子递给了我，他睡得正香。

接过孩子的那一刻，我正站在房间的中央，然后我就在那里站了一个小时，一动也不敢动，我害怕把他弄醒了。

"如果他醒了，我该怎么办？"我心想。我不想冒这个险，所以我表面上假装很欢喜，内心却急切地等待金的归来。那一刻我突然意识到，我好像陷入了一种无法言表的境地。我被怀里缩成一团的小可爱迷住了，同时，我又从心底里害怕他。现在，我已经是6个男孩和1个女孩的父亲了，回顾过去，我觉得非常有意思，而且值得庆幸的是，时间不会顾及我们的恐惧，它依旧在向前行进，把我们带向更美好的地方。

捎带提一嘴，在伊森出生两周后，我依然是产房里表现最出色的丈夫。金告诉我："你还记得吗？当时你对我说'再用力一下，你可以的'。"

"记得。"我回答，并等待着她的赞美和感谢。

"哼，你当时真的很烦！下次不要这样了。"

"嗯！？为什么？"我心想。我问她为什么不在临产的时候说，她解释说："因为当时你好像真的很想帮我，我不想让你难过。"我向来都很崇拜我的妻子，而在那一刻，她似乎又高大了不少。她不仅在疼痛难忍的情况下生下了孩子，还给我留足了面子，尽管我做得很不到位，尽管她当时很沮丧，还忍受着强烈的痛苦，但她让我感受到自己的重要性和价值感。我能说些什么呢？她真的让我备受鼓舞。

为人父母后，我体会到，人生中大部分的道理都是通过爱的实践习得的。面对父母这令人兴奋的新角色，没有人知道自己需要做什么，而这也是我们一生中最大的责任。父母出于关爱和牵挂，会产生许多疑问，也会因此引导他们自己继续走下去。我就是这样成长为一个父亲的。很庆幸，没过多久我就适应了这个角色。

生活就是这样，它不断地朝我们扔东西，还要求我们用自己不擅长的方式做出回应，而这种回应通常又需要在短时间内完成。虽然过去的经历可以给我们一些启示，父母可能会给我们支持和鼓励，但在大部分情况下，生活中仍然有部分时间需要我们独自向前，怀揣信念继续走下去。

当我们无法了解所有的事，当我们过往的经验非常有限，当我们感到未来一片混沌的时候，我们该怎么办？继续前行。如果感觉压力太大，感到前方充满了恐惧，感觉未来太难，我们不妨前进一步，把精力集中在当下，仅此一步就够了。虽然过去证明了我们的能力，虽然前方的困难都可以掌控，虽然我们的挣扎只会持续一段时间，但是，世上没有一劳永逸的事情。所以，多一点耐心，鼓起勇气，继续前行吧！

如果将初为人父的惶恐不安视为我一生中最痛苦的体验，那么结果将会如何？这意味着什么？意味着我可能会对孩子不理不睬、漠不关心，或者在他的成长中缺席。虽然这种惶恐不安的感觉让我们并不好受，但是我们努力成长的经历确实会让我们有所收获，它会丰富我们的阅历，拓宽我们的视野。在正确的视角下，我们可以从过往的挫折中变得更强，这不仅能提高我们的容忍度，还能让我们很好地面对当前的挑战。

第6章
跟困难较劲的信念

如果我们展望未来,那就把未来想象成我们终要到达的顶峰,想象成我们应取得的成功,想象成已实现的梦想和努力工作的丰厚回报。

如果我们回顾过去,那就让过去来见证我们的力量,来增强我们的信心,为我们必须做出的下一个决定加油打气。

生活不断要求我们更新自己,改良自己,而蜕变的旅途却充满荆棘、坎坷不平。但是,如果你事先知道蜕变后的自己达到的并不是人生的巅峰,你的心境是否会有所变化?困难本身并不会改变我们许多,经历困难后带来的新生活才会激励我们继续成长。

> 行动之前,我们不需要答案,事实上,也永远不会获得所有答案……往往只有在行动之后,才能发现其中的部分答案。
>
> ——夏洛特·邦奇(Charlotte Bunch)

用信念衡量自己的潜力

无论是对个人、组织、团队还是家庭来说，如果眼前的状况日益糟糕，那么都要考虑一下做出改变，因为变化一般会让我们更容易成功。而在要做出改变的时候，我们所有人都需要信念。在本书中，我所指的并非宗教意义上的信念，而是当我们拥有的学识不足以支撑自己前行时，我们应该具备的品质。

信念包括对未来的期望，对目前无法看到的结果的期待。它可能是一个关乎我们自身的美好愿景，是一份让我们从逆境中走出来的信心。我们要对未来抱有信念，要相信美好事物即将到来，这样才会促使我们前行，而信念也会带给我们前行的动力。

从某种意义上说，你所做的每一件事情都建立在信念之上。农民会在没有信心的情况下种地吗？如果孩子不相信父母会给他东西，他会向父母索要吗？学生会在不相信未来会更好的情况下攻读本科学位吗？我们无法准确地预测天气，无法知道父母和教育会给我们带来什么，但我们对设想的结果充满信心。

有些人认为，在正常情况下，把疑虑放在首位而把信念放在第二位是一件很正常的事情。他们认为乐观就是天真和无知，但这种认识

第6章
跟困难较劲的信念

是错误的。毫无疑问，信念是对疑虑的一种制衡，经常疑虑或退缩，会削弱我们的力量，但是采用一种天真的方式引导自己，同样会削弱我们的力量。信念是一种靠学识支撑的勇气，而不是靠幸福支撑的无知。

同时，虽然我们的信念可以战胜自己的疑虑，但不一定能消除疑虑。为什么？因为信念意味着我们无法完全知晓未来。

农民学习先进的耕作技术，孩子信任父母的品格，学生明智地踏上教育之路，不是因为他们毫无疑问地知道结果，而是因为他们可以通过接受良好的教育坚定自己的信念，从而以此来衡量自己的潜力。我们可以从过去的经历中寻找这些潜力，然后不断地学习和实践，引导自己在最合理的道路上持续前行。

12世纪的理论家和学者奥斯汀·法勒（Austin Farrer）对信念和学识的结合做了以下描述："理性的观点不会创造信念，却会营造一种氛围，让信念的火花永远闪烁。"

诗人马修·阿诺德（Matthew Arnold）也说："信念往往会带来好事，它不会让你变成一个平庸肤浅的人，而是会让你发现最高尚的自己和最真实的自我。"

因此，让我们从保持自律和不断学习开始，怀抱信念，推动自己顺理成章地实现最高价值的自我吧！

充满荆棘的未知世界

包含着期待、信任和希望的信念会推动我们不断前行,但是因为我们不知道前方会发生什么,所以有时也会产生一定的风险。于是,我们会做进一步的衡量:只有当未来值得我们做出牺牲时,才值得我们去冒险。有时候,我们的感觉(兴奋感也好,不适感也罢)会被环境所左右,而也有些时候,我们必须有意识地走出自己的舒适区。

例如,有一件事当时偶尔会让我感到不舒服,但我却忍不住去做了,那就是追求并赢得了妻子的芳心。

我是在 20 多岁搬到英国之后才认识了金,她是我一个好朋友(现在我该称他为大舅哥)的妹妹。他不在家的时候,我也会去看望她。随着我们的友谊开花结果,我们发现彼此身上有许多共同点,但是社会观念却带给了我们压力:她比我高 10 厘米。后来,我们的友情上升成了爱情,我会站到马路边或者台阶上吻她并道晚安,以此来把她的注意力从我们的身高差上移开。

> 你所做的每一件事都建立在信念之上。

第6章
跟困难较劲的信念

  结婚 20 多年了，我们现在可以笑谈当初的顾虑有多愚蠢，但当时的我们身上确实背负着一定的社会压力，以至于即便她答应了我，别人也没有发现我们已经在交往了。当时我们在同一个公司上班。一个星期五的晚上，我们计划出去约会，但有个同事主动提出想和我们一起去。我们不想有"电灯泡"打扰，于是给了他一些暗示，但是他丝毫看不明白我们的意思，最后我们不得不直接告诉他我们是情侣。

  我非常爱她，深信我们可以白头到老。我完全没给自己留有怀疑的余地，也没有给她留有疑虑的空间。有时候，这个世界会告诉我们一切正常，需要我们做的只有对充满荆棘的未知世界充满信心。

赋能与信念交织在一起

就其本质而言,信念并不完全算是一种学识。赋能的过程会与信念交织在一起,同时夹杂着希望、疑虑和恐惧。然而,大部分人都在等待着胜利,我们只是不相信自己已经做好了准备应对未知的未来。

到目前为止,我已经在 30 多个国家做过演说,从小型的讲习班发展到坐拥成千上万观众的大型讲座。我曾在大部分的演说中说过这样一句话:"无论在生活中还是工作中,阻碍成功的最大障碍是我们对自己的信念。"

每一次演讲时我都会征求反馈意见,而听众都会认同我的观点:我们需要为工作做出改变,为自我提升做出改变,为改善我们的生活做出改变,而在这个过程中,缺乏信念是阻碍我们做出改变的主要原因。

如果我们坚持在舒适区中活动——在社会规范和已知的世界中,或者只是按部就班地跟着前人的脚印走——那么,我们最终只会落得同样平庸的处境,收获令人沮丧的成果。在我追求妻子时,我把她当作梦中情人。虽然我的成功不太符合世俗,但是结果让我很满意。我不想和别人度过无聊的婚姻生活,只想和她一起共度美好的余生。

第6章
跟困难较劲的信念

对于努力成就自己的人来说，平庸不值一提。在践行信念时，最重要的是不向受自己保护的利益妥协。如果我们不停地向渴望低头，贪图舒适，依赖他人，享受安逸，就永远无法改变。信念带给我们的变化能让我们感受到生命的重量，如此，我们才能有效地应对生活。不要奢望有一条路能自动将我们带到美好的地方，我们必须把握住现有的一切，保持坚定的信念，这样我们才能不断向上，到达新的高度。当然，也必定会有逆流而行、违背惯例的时候，这些都是常态。

同样，信念会影响我们周围的人，可能会让他们之间出现分歧、争吵、推诿等情况，这些都是每一个具有远见卓识的人所经历过的。这些情况对我们所有人来说都是一份安慰，因为我们总有不敢向前一步的时候，也有感到孤独的时候，这些都很正常。如果始终以自我为中心，我们难免会无法胜任一些工作。这时候，适当调整一下信念，通常是正确的选择。如果我们认为自己必须独自前行，那么根本走不远。在追求梦想的过程中，难免会有逆流而上、感到孤独的时候，我们可以借助我们信赖的人的力量来获得撑下去所需要的支持和更多的信念。

信任自己，信任他人

我们很难拥有完美无缺、坚实笃定的信念。因为信念是一种不断成长的品质，经过长年累月的培育和成长，它会由小变大，充满力量。在这个过程中，我们难免会有疑虑和恐惧、犹豫和胆怯，但这并不意味着我们缺乏信念，生而为人，无知是很正常的。在追求梦想的道路上，有时我们完全不知道下一步该怎么走。

有时候，我们的信念会动摇，无法自主恢复。这时候，信任我们身边的人会让一切变得不同。

结婚 20 余年来，每当信心不足的时候，我都会依靠我妻子的信念。她认为什么是正确的，做什么是对的，过段时间之后，她的选择就会被印证果然是正确的。虽然我无法完全看清楚这些事情，但她的选择能够让我满怀信心地前行。

在初入职场时，我在一家直销公司做媒体经理。那时候，我的目标是成为该公司欧洲分部的总经理，负责市场部的业务。于是我前去与老板见面，询问我能否获得这个职位。他没有直接回答我的问题，而是用一种试探的方式把控制权交到了我手里。当时，我们即将召开整个地区的产品发布会，公司总裁、董事长、全球业务副总裁及全球

第6章
跟困难较劲的信念

营销副总裁都在为开发布会做筹备工作。如果我想获得梦寐以求的职位,就需要和领导们建立联系,向他们表明我是我们部门的宝贵财富。

我接受了这个挑战,甚至对这个机会感到无比兴奋。但是,在高管们到来之后,我发现事情似乎并没有那么简单。他们都在得克萨斯州公司办公室的一个部门工作,而且团队成员之间互通有无,倾向于"抱团"发展。不知道我的感觉是否准确,在我看来,他们似乎把我的老板当作一个跑腿的人。在我们去另一个地方出差时,通常是我的老板把行李放到后备厢,而他们则站在那里聊天喝咖啡。

他们非常和善,但我只能获得他们的点头或微笑。因为处在这一职位的我不足以让他们在意,所以我肯定得不到他们的关注。我和金一起躺在酒店的床上(我和她一起到那里出差,她帮我开车运送开会用的材料),我哀叹着自己的命运,心想我一个打杂的,想要加入那群人里工作,可能性实在太低。

第二天吃早餐时,我和她打好了饭,刚好路过了高管们的餐桌。我像往常一样向他们道了早安,他们回应了我,然后继续谈话。我走到桌前坐下,感到有些沮丧。我以为金会跟在我后面,回头却看到她站在高管们的桌子旁。

我回去找她的时候,听到她说:"好吧,那这样吧:最后一个到达柏林的人必须在台上穿裙子。"

我当即目瞪口呆,她到底在干什么,我该怎么办?

但大家都在笑,而且是歇斯底里的笑。美国人一旦放出狠话,就一定会做到。不久之后,在我们收拾行李准备出发去下一个城市的时候,我开始陆陆续续地接到他们的电话。

"我只是出于好奇地问一下啊！本，你现在在哪里？"

"本，你对雪纺衫感兴趣吗？"

"今天晚上我们应该给你挑一件什么样的衣服？"

那群高管和我没有一个人真的穿了裙子，但从那一刻开始，我们的旅行充满了戏谑和调侃，我们的情谊逐渐深厚起来。由此看来，我最初的认知是错误的，是金为我打开了机会的大门。最终，我得到了梦寐以求的晋升机会，而这一切都要归功于妻子愿意带我进行这次信念的飞跃之旅，而我也能够配合她完成这次飞跃。

完成一次翻天覆地的改变向来不是一件容易的事，也不是一件个人能独立完成的事。当我们对自己缺乏信心时，当我们努力实现梦想时，当生活多次击倒我们，让我们不再相信未来会产生显著的变化时，我们必须求助于能为我们提供信念的人。

因此，谦逊就在信念中起着关键的作用，它时时刻刻提醒着我们，我们是整个人类社会的一部分，有时我们无须了解，也不必掌控周围的万事万物。我们可以谦逊地相信周围的人，相信他们对我们的判断和信任，把应有的注意力放回到成就自我上，对当下表现出十足的信心。

如果我们已经拥有了强大的信念，却没有将其与自己联系起来，那么我们就不会有实质性的变化。在生活中，我们需要有人提醒我们，无论我们做什么选择，他们都会无条件地爱我们。我们一定要发现这些人并走近他们，如果有条件，我们也要尽可能地成为提醒并爱他人的那个人。

第6章 跟困难较劲的信念

面对未知的世界时

生活中难免会有陷入黑暗的时刻,但是我们不能等到一切就绪后才行动。犹豫源自美好的幻想——为了创造幸福,我们常常会幻想一个没有压力的未来。

要用自己的学识引领自己,未知不是前行的障碍,要勇往直前,毕竟行动才是我们最好的老师。

成为公司欧洲分部的总经理之后,有一次,我的老板专程从加利福尼亚州总部飞过来见我。这次是与另一家公司合作推出一款新产品,他准备和我一起参加相关活动。启程之前,他告诉我,董事长想退休,打算提拔他。也就是说,我的老板即将从总裁兼CEO晋升为董事长了。他的计划是寻找一位新总裁来填补他即将空出的职位,而他告诉我这件事是想让我做好为新上司工作的准备。

我对他的好意表示了感谢,出于好奇和对职业的抱负,我继续询问,我能否成为新一任总裁。"既然您在寻找下一任总裁,"我说,"那为什么不能是我呢?是的,只要金愿意搬到加利福尼亚州居住,我非常愿意担任此职位。"

我的老板很惊讶,但表示愿意考虑此事,于是我们对此展开了讨论。在产品发布会的演讲间隙，我们讨论了业务，并将能讨论的事尽量都讨论了。他询问了我对公司的规划和我对各种问题的看法。在短暂的出差结束后，我没有经过一场正式的面试就从老板手中获得了这个岗位。他只是告诉我有个职位空缺，于是我就举手向他表明了我的意愿。

不积跬步，无以至千里。我完成了一次信念的飞跃，进行了一次跨越性的问询，我相信一切皆有可能，并下定决心朝着目标前行，于是好事就发生了。这又是一次真实的例证。

为了让信念开花结果，我们必须行动起来。无论未来更好的自己是一个伟大的领导者、企业家，还是一位更合格的妈妈或爸爸，起点都是我们当前做的决定。那么，我们现在是决定行动还是止步不前呢？

当我们身处某个励志的环境中，或者听到一个励志故事时，往往会想走出舒适区，成就一番大事业。因为我们受到了他人的鼓舞，想跟随他们的步伐行进。但是，如果我们想在自己的生活中取得非凡的成就，就必须回到自己所处的环境中——每天按时按点工作，保持有规律的作息，坚持按计划行事，不因一时受到影响而兴奋。因此，我们肩负着一项艰巨的任务，那就是满怀信心地不断进取，不是在某个特别的时刻，也不是在某个鼓舞人心的时刻，而是在日复一日的磨砺中，在不断重复的步伐中。虽然我们在起步时看不见成长的踪迹，但改变确实正在发生。

我们一生都在追求更好的自己，因此改变不是一蹴而就的事情，不可能只做出一次改变就始终沉浸在扬扬自得中。人的性格不会因偶然发生的事件而改变。齐格·齐格勒（Zig Ziglar）也曾说过："有人认为，动力不会持久，没错，洗澡也不会持久——这就是我们建议每天要洗澡的原因。"如果我们能一步一个脚印地培养对未来的信心，踏踏实实地走好每一步，那么所想之事就会随之而来，信念也会一路强大。

> 不积跬步，无以至千里。

接受才能走好下一步

在追求赋能的过程中，信念不仅有助于我们创造未来，也有助于我们培养自制力和忍耐力。其实，我们期待的那一天正在慢慢靠近。我们改变的过程会随着时间的推移而变化，会推动我们生命中的某些事物成熟和发展，即便有时我们认为自己已经足够成熟，信念也依然在发生着变化。要理解时间的潜移默化，在我们似乎快要沉沦的时候，这种潜移默化会为我们注入一股新的力量来强化我们的信念。

美国心脏协会曾向我们推荐过一种压力管理技巧，它建议我们把压力分解成若干份易于控制的部分，而不是让我们去简化处理身边的所有问题。你可能要改变自己的呼吸；放慢自己的语速，开口说话之前先数 10 下；进行冥想；把问题留待第二天解决；等等。如果你准备发送一封电子邮件，但你此刻很愤怒，那就把这封邮件留在草稿箱里，到第二天再发；离开的片刻，调整一下自己的心情。成就斐然的人往往会把大问题分解成小问题，然后一步一步地去解决。

即使我们不知道需要多长时间才能达成目标，也不知道目标在哪里，践行上面这些做法也能让我们走好下一步，尤其是在我们遇到让自己悲伤的事情时更是如此。

第6章
跟困难较劲的信念

我有一个好朋友，她的挚友意外丧生了，我们不难想象她该有多么痛苦。她说，在刚开始的那几天，她感觉天崩地裂："见不到我最好的朋友，以后几十年的日子我该怎么过？一想到这件事，我的神经就会极度紧绷。"

但后来，她说她学会了一天一天地去应对："我意识到，我不需要一下子应对之后几十年的事，我只需处理今天的事就行了。"

接受挫折就是接受我们面对挫折的反应。无论是怀抱信念还是缺乏信念，稍微改变一下看待问题的方式，就可以帮助我们面对现实，从而做出相应的调整。

从"我做不到"到"我要尽力去做"。

从"一切都不顺利"到"我能一步一步来"。

从"我感到孤立无援"到"我可以在需要的时候寻求帮助"。

从"我不敢相信自己把事情搞砸了"到"人非圣贤，每个人都会犯错"。

如果想让自己的信念更加坚定，可以试着从过往的经历中找寻自己进步的证据。

在我们身边，这样的证据比比皆是，不管我们是谁，不管我们做了什么，日久经年，我们都会攻破重重难关。而我们现在的任务就是将以前的成就呈现出来，把它们放入我们的视野中，让过往的成就变得更加闪亮。

> 接受挫折就是接受我们面对挫折的反应。

在看似无法取胜时

在成长的过程中，无论是出于环境的原因还是出于选择的原因，我们在信念上都要有很大的飞跃。这种飞跃需要我们学会放下现在的自我；可能需要我们释怀过去的一些错误，原谅曾经带给我们痛苦的人；可能需要我们毫无顾忌地去相信上司，不管你是否认同他；可能需要我们在危机中前行，即便不知道结果会如何。在这些情况下，很少有人能独自行动，就像在我们的那次旅行中，金帮助我和那些高管周旋一样。

当贸易与工业部的工作人员出现在我的办公室，打算让我们关门的时候（可以回顾一下第 2 章的内容），我们要求他们说出他们的顾虑，但他们说没有义务告诉我们。我们在一片茫然中工作，在无法掌握未来的情况下应对着现实。员工们纷纷前来问我这个总经理，他们还能否还得起抵押贷款，还能否养家糊口，而我必须怀抱信念，表现出对我们战胜困难的能力充满信心的样子——在看似无法取胜的情况下保持信心。

现在，当抵达挫折的彼岸后，当时的信念已经转变成了经历。我可以很欣慰地说，我们确实赢了，我们都做出了该有的改变和超越，

第 6 章
跟困难较劲的信念

战胜了不可战胜的可能性。当时,我们没有既定的转型经验可以遵循,但从那时起,我们对整个市场转型的分析,一直是我们进行许多研究的主题。我很欣慰地说,我们走过的路径已经被许多公司广泛接受。[1]

经历过这场危机之后,我认识到,个人改变是组织变革的先决条件,而组织需要更多层次的变革。

变革的出发点是创造一种紧迫感,迫使大家必须进行改变。我没有向员工隐瞒这种紧迫感——我们需要重视焦虑,因为这是一种有一定度的紧迫感。

我们当时确实迫切需要做出改变,而且每个人都需要认识到这一点,这样才能激励自己。当时,我们并不知道在法庭上该怎么为自己辩护,也不知道需要怎样进行内部变革,但我们知道这场危机的严重性及这起案件的有效期限,我们必须在开庭日之前把一切通知到位,做好所有该做的事。

接下来,我们需要依靠整个组织,而不是依靠某个人。我们生而为人,应该在人际责任和社会责任框架内做出改变,而不是仅仅依靠我们自己。

例如,曾经有人在一家酒店中做过一项实验:一部分客人在入住时承诺,他们会重复使用毛巾,还佩戴了"地球之友"的翻领别针

---

[1] 约翰·P. 科特(John P. Kotter),《领导变革:为何转型失败》(*Leading Change: Why Transformation Efforts Fail*),《哈佛商业评论》,1995 年。

以示承诺。最终结果显示,毛巾的重复使用率高出了预期的 25%。[1]同样,在工作中遇到危机时,我们只有对彼此负责,尽量保证面面俱到,保持谦逊,大家才会共同坚守承诺。对我们的企业而言,就是要职责分明、沟通透明,这样团队才会进步。

这件事发生之后,我们设立了危机管理团队,因此也出现了一些新增的职位。危机管理团队由一些资历深厚、经验丰富的老员工组成,他们可以负责企业的转型工作,能够在规定的时间内对转型的方向有一个清晰而合理的规划。

从那时起,危机管理团队必须拿出方案,其他部门要按照方案执行。为此,我们需要尽快取得胜利。

如果无法确切地预估最终的结果,就必须把握住过程。信念会帮助我们坚守承诺,会鼓励我们不断向未知的领域前行,同时,我们也要定期给出有意义的反馈。短期内的成功会带给我们即时的满足感,会让我们确信自己在正确的道路上做着正确的事情,而这也为我们之后的付出提供了动力。

我们正在孕育一种新的文化,而不是暂时的改变,而且这个孕育的过程惊心动魄。

个人的改变需要我们找到自己心中的信念并为之努力。我们需要设立一个目标,并坚定地致力于实现这一目标,同时还要制造一种紧迫感,敦促自己行动起来。我们还要懂得合作——与那些将公司的

---

[1] 凯蒂·巴卡-莫特斯(Katie Baca-Motes)等,《承诺与行为改变:来自现场实验的证据》(Commitment and Behavior Change: Evidence from the Field),《消费者研究杂志》(Journal of Consumer Research),第 39 卷,第 5 期,2013 年 2 月 1 日,1070-1084 页。

第6章
跟困难较劲的信念

最大共同利益放在首位的人建立一个危机管理团队，从而共同赢得胜利。

一个人的改变不会凭空发生，也不会在一瞬间完成。在我们的一生中，我们也可能需要一个专属于自己的危机管理团队来缓解自己失去工作的痛苦，帮助自己走出婚姻危机，抚慰自己因面对死亡而悲恸的心情。当我们无法独自处理问题的时候，可以请身边那些值得信赖的朋友为我们指明前行的道路。

最重要的是，在危机解除或变革结束的时候，你需要持续关注自己。不要让自满转移你的注意力，把你从自己创造的新世界中脱离出来。否则，你就有可能会重新回到以前的状态。

一生的旅程

亚里士多德曾这样描述人类的一生："我们的责任不仅仅是成长，更要追求卓越。为了追求卓越，我们需要付出一生的努力。一燕不成春，一日亦不成春。同样，一朝一夕不能令人长欢喜。"[1]

与此同时，我们还应该考虑到相反的情况：有时我们会深陷挫折的泥潭，或者在困难的沼泽中挣扎，但是这并不能定义我们的整个人生，这些只是我们一生中的一段时期而已。

正确的信念不会让我们陷入错误的幻想——幸福就是没有挫折。如果没有这样的认知，我们可能会把挫折理解为犯了某种错误，或者超出了某种能力范围——迫使我们做一些既不该做也无法处理的事情。

一些人一直做着普通的工作，受挫于破碎的婚姻，长期被债务拖累，最后迷失在生活中。但是，我们不应该把婚姻关系破裂、身负繁重的债务、工作不如意、生活缺乏方向等事情理解为平庸或表现不佳。

---

[1]《亚里士多德哲学》(*The Philosophy of Aristotle*)，图章经典（Signet Classics）出版，企鹅出版集团（美国）有限公司 [Penguin Group (USA) Inc.] 下属的新美国图书馆（New American Library），2003 年，伦福德·班布罗（Renford Bambrough）导论，1963 年，苏珊娜·博齐恩（Susanne Bobzien）后记，2011 年。

第6章
跟困难较劲的信念

这些只是生命中的一个瞬间，并不代表整个人生。如果我们怀抱信念，那么在未来的某个时刻，事情可能会大有不同。

我们需要注意，挫折并不意味着事情超出了我们的能力范围。相反，我们必须欣然面对，把挫折视为进步的一部分，这样才有可能战胜挫折。我们必须怀着坚定的信念，朝着一个我们还看不到的未来努力奋斗，但是要相信，付出巨大的努力后，在爱我们的人的支持下，这个未来会随着时间的推移而实现。

我在写本书的时候，有些读者可能正处于信心不足的状态。因此，我有一种巨大的使命感，就是帮助这些读者拥抱他们的生活，对他们说："不要放弃！"

你比自己想象的要坚强。你的未来比自己想象的更加光明。

我在前文中提到过，双相情绪障碍确实是生活给我的一份礼物。因为它把我带到思想和情绪的极限领域，撕扯我的意识，让我对痛苦脱敏。随着时间的推移，忍受这种痛苦会带来一种独特的对他人痛苦的敏感。而我很珍惜这种敏感，因为它不可能以其他的方式诞生，它的出现需要我以忍受痛苦作为代价。当然，对我来说，如果我能够帮助那些看不到希望的人，能够带给他们勇气，忍受这样的痛苦是值得的。

培育信念

你有没有某个即将要做的决定,或者某个亟待解决的危机,或者某个即将克服的困难?你是否知道下一步会发生什么?未知的世界是否会阻碍你前行?

给自己一些时间进行思考,在这种情况下继续前行你需要什么,在哪些方面你需要培育信念。当你回想自己的赋能之旅时,问一问自己以下几个问题:

- 面对目前的怀疑和恐惧,我该如何怀着信念行事?
- 在我的人生旅程中,我可以信任谁,我愿意让谁给我提供更多的力量?
- 我能在哪些方面为他人补充能量?
- 在这个过程中,时间在扮演着怎样的角色?
- 如果所需的改变太多,我现在可以采取的下一步行动是什么?
- 我该如何在改变过程中形成更强大的个人责任感?

第7章
训练有素的耐心

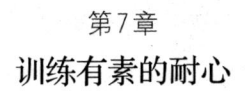

时光无情地流逝,我们唯一能留下的就是曾经的自己。

为什么要培养耐心，原因很简单，无论是世界上最高的树，还是成就自我的旅途中迈出的小小一步，都表明耐心是所有成长过程中不可或缺的一部分。耐心不仅是我们追求成功的过程中必不可少的因素，它本身也是一种值得追求的品质。能够塑造我们的不仅仅是逆境，也不仅仅是我们对逆境的直接反应，很多时候，真正考验我们的其实是逆境的持续性。

凯撒大帝曾说："想找到一个自愿赴死的人比找到一个愿意耐心忍受痛苦的人更容易。"海伦·凯勒（Helen Keller）也说："如果世上只有欢乐，我们将永远不知道勇敢和耐心是什么。"

对海伦·凯勒而言，积极的态度为她创造了荣光，取代了她的劣势，她必然知道该如何耐心地忍受痛苦。

海伦·凯勒的故事家喻户晓，这是一个关于时间和耐心的故事。我们将在本章中回顾一下另外两个人——贝多芬和约翰·弥尔顿（John Milton）的成功事例。虽然这也是大家经常提及的故事，但是，我们在学习七种品质的过程中对比他们的故事，会获得新颖而有价值的见解。我们会知道该如何学习，才能从中发现不同的道理。对于那些用新视角审视这些故事的人来说，会有不一样的收获。

> 有耐心的人会掌控一切。——乔治·萨维尔（George Savile）

凯勒、贝多芬和弥尔顿的故事

在《我的生活》(*The Story of My Life*)一书中,海伦·凯勒讲述了自己在失明和失聪的情况下所经历的困难。在那段时间里,她的生活寂静无声、漫无目的、昏暗无边,她对爱情、家庭及情感都没有任何概念。对于这种难以想象的孤独感,她写道:"在双重孤独的山谷里,我无法体会到美好的语言、善意的行动和长久的陪伴所带来的温情。"

在凯勒的生活中,她无法与世界互动,因此也无法理解这个世界,最终,循循善诱且坚持不懈的老师安妮·沙利文(Anne Sullivan)为海伦打破了语言的枷锁。老师在海伦的一只手上比画出"水"这个词的手语,然后把冰凉的自来水倒在她的另一只手上,于是凯勒实现了与世界的联结,她的世界从此发生了改变。

这个维系她生命的东西,这个奇妙又冰凉的东西,终于有了名字,海伦后来写道:"它唤醒了我的灵魂,为我带来了光明、希望和欢乐,我的灵魂获得了自由。"

一个崭新的世界就在她的指尖出现了,但同时,摆在她面前的还有一项艰巨的任务——她不仅要克服困难、迎难而上,还要做出相应的改变。从她第一次滑进海里、潜入水中，到暴风雨来临时她毫不知情地爬上大树，她与周围世界的每一次交流，都需要耐心才能够理解，继而生存下去。然而，无论过程有多么痛苦，她都以自己的方式证明了她做的每一件事都是值得的。对此，她写道：

> 有时候，的确如此：当我独自坐在紧闭的生命之门前，等待它打开时，孤独感就像一团冷雾一样笼罩着我。远处有光亮、有音乐、有甜蜜的陪伴，但是我进不去，横在我面前的是命运的安排，是无声的世界，是一潭死水。我真想义正词严地提出抗议，因为我的心仍然无拘无束、充满激情……接下来，希望之神微笑着走来，对我轻声耳语："快乐存在于忘我之中。"因此，我努力把别人眼中的光芒作为我的太阳，把别人耳边的音乐作为我的交响乐，把别人嘴角的微笑作为我的幸福。①

海伦·凯勒比大多数人更清楚，生命本身就存在着挫折，而且有时是不可挽回的。她的处境没办法改变，因此，她只能迎难而上，在耐心忍受中逐渐成长。

如果说凯勒的例子是基于未知，那么贝多芬的例子则给我们提供

---

① 海伦·凯勒，《我的生活》修复版，詹姆斯·伯杰（James Berger）编辑，2004年现代图书馆（Modern Library）平装版，兰登书屋公司（Random House Inc.）。

了另一种经受考验的视角——它植根于已知。① 贝多芬从小就进行作曲和演奏,直到20多岁时,他才开始失去听力;26岁那年,他写道,他始终能听到各种嗡嗡声;30岁时,他给一个朋友写信说,他必须"离乐团很近才能听清那场演出",他听别人说话也已经越来越费劲了。而在30多岁创作《第五交响曲》时,他已经完全失聪了。

贝多芬熟悉的世界正慢慢地从他手中溜走,因此他不再去参加社交聚会,他担心自己无法向别人诉说自己的痛苦。对于一位作曲家来说,失去听力就等同于失去了事业。他写信给一位密友,"如果我从事其他行业,一切都比现在好,但对于我现在的职业来说,这个状态很可怕"。

他尝试了各种治疗方法,甚至把湿树皮绑在上臂上,一直绑到树皮变干。最后,尽管他的胳膊上长满了水泡,但听力仍然没有恢复,而他也离钢琴越来越远了。他还试过佩戴简单的助听器、在钢琴上安装扩音器和喇叭等方法。这些方法越不起作用,他就越要在痛苦中继续创作。

贝多芬在自己的早期作品中大量运用高音,当时他能听到的音域还很宽广,但随着听力的衰退,他在作品中更多地使用了低音。可以看出,他在根据自己可听到的音域调整作曲,而不是根据自己理解的内容提高听力。从他的一生来看,他曾是一位作曲家,而后来,他是一位失聪的作曲家,所以他必须适应。

---

① 经典调频作曲家(Classic FM Composers),《如果贝多芬完全失聪,他如何作曲?》(*So If Beethoven Was Completely Deaf, How Did He Compose?*),2020年1月。多纳托·卡布雷拉(Donato Cabrera),《贝多芬失聪的前前后后》(*The Whole Story of Beethoven's Deafness*),2018年1月。

有趣的是，在他晚年时，高音又重新出现在了他的作品中。这并不是因为他重新使用了以前的作曲方法，当然也不是因为他的听力恢复了，而是因为他对自身境遇的处理方式完全改变了，他开始让作曲适应自己的想象力，而非适应他那受损的听力。

他在完全失聪的状态下创作了许多部作品，其中包括《第九交响曲》，这部作品在首演后的几年里比先前的任何一部作品都广受好评。人们普遍认为这部作品是一部悲喜交加的自传体叙事诗，象征着他克服失聪的胜利。

作为一名伟大的作曲家，他必须经历什么，才会最终接受自己永久失聪呢？他必须培养怎样的耐心，才能适应这无法改变的自身境遇呢？当他终于摒弃对创作的限制，更加相信自己的想象力和天赋时，他会感受到怎样的幸福呢？

另外一些关于创作的经典事例中，主人公也经历了类似的挫折，失明之谓于诗人与失聪之谓于音乐家有着同等程度的悲惨。17世纪的英国诗人约翰·弥尔顿因《失乐园》(*Paradise Lost*)而闻名于世，并最终成为那个时代最伟大的诗人之一。[1] 后来，他也逐渐失去了主要的感官。

他曾是作家兼诗人，拥有良好的视力，但在他成年后，他的视力开始逐渐退化。他发现了比自己更伟大的东西，而且这个东西成了他生命的焦点。尽管他双目失明，却有着开阔的视野，在最艰难的日子里成就了他最出色的作品。

---

[1] 乔治·B. 巴特利（George B.Bartley），医学博士，《约翰·弥尔顿的失明》(*The Blindness of John Milton*)，《梅奥诊所学报》(*Mayo Clinic Proceedings*)，1993年4月，第68卷，第4期，395–399页。

贝多芬克服了孤独，战胜了挫折，冒着在逆境中失去事业的风险，继续进行创作，谱写出了他一生中最复杂的杰作。还有海伦·凯勒，她几乎是一出生就生活在完全与世隔绝的环境中，却坚持和她的老师一起探索人生的真谛：真正的快乐之所以美好，是因为经历了痛苦，而不是因为逃避痛苦。无论处境多么糟糕，她都能够发现美好，因为她明白，自己遇到的每一种遭遇都是为了让自己成长为一个更优秀的人。

以上三位名人的残疾都是长期相伴的，有的即使不是终身残疾，也常年受到疾病的困扰。他们不得不听任命运的安排，去适应现实。为了成就更高层次的自我，他们甚至要拥抱自己的处境。最终，他们的天赋得到了放大。

他们都是我们中最伟大的人，展现出了优于常人的品质和天赋，但他们不仅仅是榜样，他们的事迹也让我们从另一个角度看到了培养耐心的方法：要把耐心视作一种有意培养的品质。在本章中，我们将围绕想象力、放弃现有身份及与支持我们的人进行深入联系这三个维度展开，思考这三者在培养耐心过程中的一致作用。

发挥想象力，未来值得等待

有一句半开玩笑的古老祷文这样说："主啊，请赐给我耐心，现在就赐给我。"（Lord, give me patience, but give it now.）可见，每个人都十分渴望获得耐心这种品质，也经常在与没有耐心做斗争。在第2章中，我们花了很长时间讲解耐心的概念，可是把耐心培养为一种品质，意味着什么呢？

耐心不仅是在主观意愿上允许时间流逝，更是一门能使人懂得如何应对时间流逝的艺术。顾名思义，耐心就是要主动接受因时间流逝而改变的事实——当然，不要把它与放弃混为一谈，耐心需要忍让、妥协和谦逊。正因为有耐心，我们才会去承受必须承受的逆境，从而推动我们朝着理想前行。如果对未来没有期待，就很难领会人生的意义。

约翰·弥尔顿的愿景是他在这个世界上未完成的使命，因为专注于未来，所以他忍受着眼前的一切。他不能以双目失明为借口而放弃自己，他渴望以光辉荣耀的形象站在上天面前，因此他比以往任何时候都更接近自己的目标。

贝多芬用了数年时间去全力适应那个陌生的世界，但从某个角度来说，在他创作出最佳作品的那段时期，他的想象力起了非常关键的作用。相比之下，海伦·凯勒拥抱的是由快乐和挫折相互交织而成的生命——把别人眼中的光芒作为她自己的太阳，把别人耳边的音乐作为她的妙曲，她凭借自己的想象力创造出了之前被她否定的世界。

他们选择了不同的道路，但在培养耐心的过程中，又贯穿着一条共同的线索——想象力。想象力培养了他们的耐心，为他们提供了面对逆境的解决方案。

> 耐心不仅是在主观意愿上允许时间流逝，更是一门能使人懂得如何应对时间流逝的艺术。

最近，美国神经科学家阿德里安娜·詹金斯（Adrianna Jenkins）和中国博士后研究员徐明通过扫描人脑发现：想象力是通往耐心的道路。[①] 为了证明这一发现，他们设计了诸多方法进行研究。

他们设计了一个场景进行实验：参与者可以在第二天获得100美元，或者在30天后获得120美元。在另一个实验场景中，他们把两种报酬方案按时间顺序进行了排列：参与者要么第二天拿到100美元，以后什么都拿不到；要么第二天什么都不拿，30天之后拿到120美元。在这两个实验场景中，大部分人选择了延迟满足。当选项以先后次序呈现时，他们选择延迟满足的偏好会更强。

选择晚些时候取得报酬的参与者称，他们更能想象到自己做出

---

① 加利福尼亚大学伯克利分校哈斯商学院（University of California-Berkeley Haas School of Business），《想要更有耐心？你需要多一些想象》（*Be More Patient？Imagine that*），《科学日报》（*Science Daily*），2017年4月刊。

这种选择的结果。其中一个参与者表示,"马上能拿到100美元是挺好的,但30天后能多拿20美元感觉更值得,因为这是一星期的油钱"。把一个任务按时间顺序进行排列(现在……之后……),他们能够利用自己的想象力,培养更强的耐心。

在冲动行事之前,可以先设想一个令人满意的结果,这样耐心就会有所提高。该研究指出,"冲动可能会凌驾于意志力之上,但如果能设想到结果,也许就不会那么容易冲动……我们往往会注意到离自己很近的东西,忽视未来的结果,而设想结果往往会为自己带来好处。"

从弥尔顿、贝多芬和凯勒的身上,我们可以看到,后天培养的勇气和天生的毅力在解决困难的过程中都只发挥了部分力量,更直白地说,他们都在某种程度上发挥了自己的想象力,从而取得了让人难以置信的成果,而且很好地激励了几代人。

我们也可以借助自己的想象力来应对挫折,而不是用蛮力。就像詹金斯和徐明的实验一样,我们也可以把任务按时间顺序排列,来应对持久的逆境。

嗜酒者互诫协会(Alcoholics Anonymous)采取的十二个步骤就是一个很好的例子。虽然这种做法有些极端,但是不无道理。在这些情况下,我们的身体会和意志力分离,从而使选择能力显著减弱。然而,如果把自己的生活分解成一系列的选择,活在当下,我们就能充分调动自己的想象力,就能设想出一个可实现的未来。"这一天,这一小时,这一刻,我可以看到自己正走向彼岸。"

激发想象力的一些提示

- 我们面对的挑战是什么,我们会因此而变成什么?
- 我们该如何把巨大的挫折变成伟大的胜利?
- 我们该如何越过障碍?
- 这些障碍怎样才能成为成就我们的准则?

停止试图修正现实的妄想

在急躁的时候，我们往往很难承认和接受各方面的不顺——身体生病、情绪低迷、爱人离去、收入减少，等等。然而，如果我们不耐心接受现实，那么这份经历就毫无意义可言。

每一场篮球比赛都应该在球场举行，运动员不能越过边界线；田径赛场上，每位运动员都有各自的赛道；游泳比赛中，每位运动员都必须在自己的泳道内游动。设定这些规则并不是为了限制比赛，而是为了创造比赛，正是这些限制和规则让比赛成为可能。如果我们不接受生活中的这些规则，就无法渡过重重难关。

如果贝多芬没有接受自己的失聪，结果会怎样？如果海伦·凯勒没有接受超乎自己感觉范围的这个世界，又会发生什么？如果约翰·弥尔顿无法接受自己在失明中写作，又会是怎样的结局呢？结果就是，那些闻名世界、鼓舞人心的作品将会淹没在无边无尽的痛苦中。

如果你觉得很难想象为什么人们不愿意接受这些有形的、不可否认的现实，不妨这样想，我们其实也一直有同样的想法。就拿最简单的例子来说，在堵车的时候，即使我们做什么都没用，为什么还会觉得烦躁？因为我们拒绝接受现实，即便你再失望，道路也不会因此而畅通。

当我们企图控制那些力不从心的事情时，反抗现实往往是最低级的表现。接受现实往往可以减轻压力，让大脑获得解放，从而让自己更加富有想象力和创造力。

将身份带回到当下

在生活中，我们要学会分步骤实现目标，创造一个可以想象的克服困难的顺序，这样我们才能更好地面对持久的困境。但是，一旦我们开始在意绩效、追求速度后，事情就变味了，所以我们必须了解自己当下的状态，不要不停地做比较。

我们经常会迷失在过去和未来之间，这不禁让我想起了贝多芬在害怕失去事业时所产生的身份危机。"身份"这个词本身来源于拉丁语 identitas 和 identidem，意思分别是"存在"（being）和"重复"（repeated）。从字面意思上看，你的身份其实是你不断重复存在的状态。

我们的习惯塑造了我们是谁，而不是我们的过去或未来。

在《原子习惯》（Atomic Habits）一书中，詹姆斯·克利尔（James Clear）改变了我们的思维。他指出了我们可以做出改变的三个方面：结果、过程和身份。很多时候，我们往往试图选择由外向内地改变我们的生活习惯，会朝着一个目标迈进。但克利尔认为，这种方式错了，因为它没有与我们的身份融合，所以得到的只是暂时的改变。

如果我们所做的事与我们的身份融合，这种状态就会持续很长时

第 7 章
训练有素的耐心

间。这是性格发展的诸多悖论之一。我们常常会提到愿景,也确实需要一个清晰的未来。但是,如果想实现想象中的未来,就必须先看到未来,确定一个方向,然后把注意力集中在当下,把努力培养的习惯与当前的行动相结合。理查德·G. 斯科特(Richard G. Scott)曾经说过,"只有每天都成就自己,才能成就自己的一生"。

其实,我们的身份与职业、弱点、境遇毫无关系,反倒是与我们的信念及行动紧密相关。在我们陷入身份危机时,我们的行动就至关重要;我们决定想成为什么样的人之后,就要通过一个又一个小小的成就循序渐进地向自己证明自己可以达成这个目标。这不仅可以坚定我们的信念,还可以让我们不断培养的行为成就我们当下的身份。

如果我们能由内而外地进行改变,那么我们的改变就能得以持续。做所有的事情都是如此,耐心非常重要。我们要通过培养每一个好的习惯塑造自己的身份,把自己变成伟大的作品,在各个时代回响。

> 我们的习惯塑造了我们是谁,而不是我们的过去或未来。

联结推动我们继续前行

我们分析的这三位大人物之间的另一个共同点是他们都与他人建立了联结。弥尔顿和贝多芬害怕周遭的人知道自己的秘密,所以他们把自己的秘密保守了一段时间;凯勒在寂静的世界中默默承受了许久,直到她的老师沙利文打开了她的心门,唤醒了她的沟通天赋。他们呈现出的耐心越多,就越能更好地与周围的世界重新建立联结,最终触及我们所有人。

有些人认为我们都需要在孤独中挺过逆境,认为向他人敞开心扉是脆弱的表现,因此,他们会选择默默承受。到底是什么原因导致他们将痛苦设置成"勿扰模式"的呢?我认为前面谈到的冒充者综合征起到了一定的作用,而恐惧、担忧、不安全感、疑虑、不确定性、忘我等其他自然情绪也起了一定的作用。

但是,如果我们能够公开透明地谈论彼此的挫折,是否会有更多的解决办法呢?如果我们把当下的忧虑大大方方地讲出来,每个人的耐心是否会有所提高呢?毕竟,当我们的世界只剩下消极时,我们的心态就会受到影响,从而导致发生风险。

将他人带入我们的世界后,我们可以依靠他们的理性思考和鼓励及对我们的关爱来让自己提升耐心。

第 7 章
训练有素的耐心

在既定的逆境中保持耐心

也许每个人培养耐心的目的有所不同，但是耐心一直是我们所需要的品质。海伦·凯勒的耐心是出于生存需要，而她的老师安妮·沙利文的耐心则是出于爱和选择。她对奉献的渴望来自她甘愿为朋友奉献的耐心。因此，爱和需要可以通过非常不同的机制培养出相同的品质。

对这两位女性来说，外部环境并没有发生改变。她们只是在既定的逆境中，以不同的方式拥抱了环境，塑造了未来，她们对身份有着深刻的体会，因此彼此之间的联结才会变得持久。安妮·沙利文的耐心和凯勒的耐心都是高尚的，这一点体现在凯勒对她老师的感情上。凯勒在书中这样评价沙利文：

> 我的老师离我如此之近，几乎让我忘了她已经离开了我。我对一切美好事物的喜爱，有多少是与生俱来的，有多少是受她的影响，我永远也说不清楚。我觉得她的存在与我的生活密不可分，我生命中留下的脚印都是踏在她的脚印之上。我最好的一切都属于她——每一项才能、每一种渴望及

每一份快乐无不是被她爱的触摸唤醒的。①

她们的成长与她们的工作紧密交织在一起，以至于凯勒看不清楚起点和终点。沙利文对凯勒的爱激发了海伦的想象力，也培养了凯勒的耐心，最终让她找到了最好的自己。

> 爱和需要都可以培养出耐心这种品质。

---

① 海伦·凯勒，《我的生活》修复版，詹姆斯·伯杰编辑，2004 年现代图书馆平装版，兰登书屋公司。

第 7 章
训练有素的耐心

耐心并不意味着没有情绪

大家常常认为耐心是"一切都会过去",是做一个深呼吸,是等待一件事情自动消失……其实,真正的耐心是在一个长期的环境中主动练就的。有时,我们在与他人的交往中,这种主动性会让我们陷入选择的困境。

我生命中最痛苦的一次经历,也是对我耐心最大的一次考验,那就是亲眼看着我的父亲被送进监狱。这件事之所以令我痛苦,不仅因为受害方是我的父亲,还因为主要推手是我和我的哥哥。

23 岁的时候,我带着 50 英镑买了一张单程票,从新西兰去了英国,希望能和分居多年的父亲重归于好。而到了英国之后,我发现他有严重的不当行为,但是我知道他不会自首。于是,出于对他的爱,也希望看到他的生活回到正轨,我选择了报警,并配合了随后的调查。

这个过程既来自爱,也来自需要。

我之前提到过,当时我没有钱,只有一份兼职工作,还被大学开除,与女朋友分手,我一无所有。我在世界的另一端,远离我的家庭,根本没有人可以让我敞开心扉诉说一切。我甚至都不能对自己敞开心扉。如果让我用语言描述当时的情况,或者只是在脑海中形成一个大致的想法，对我来说都太难了。

调查的过程让我感觉就像过了一个世纪，我知道警察会如何出现在我父亲家的门口，他将如何接受审讯。当我看到他的世界被摧毁的时候，我的心都碎了，更难过的是，我觉得是我一手把他置于此地。

因为我参与了此次调查，所以我将在法庭上做证，这进一步加剧了提起诉讼带给我的痛苦。开庭那天，我和哥哥早早地来到了英国切斯特的刑事法庭。有人带着我们参观了法庭，这样我们就能看到法官和陪审团坐在哪里，我们坐在哪里，我发现我们的父亲就坐在离我们不远的地方。

接着，我们来到了一间等候室静静地坐着，等着扬声器呼叫我们的名字。我们的心里有一种难以言表的痛苦，因为对于即将到来的审判，我们一无所知，备感焦虑。此时还未开庭，一位官员走进等候室对一位法官低声耳语，然后我们才知道，父亲在昨晚心脏病发作了。

矛盾的情绪交织在一起。我爱我的父亲，但我恨他所做的一切。我内心非常焦灼，希望审判快点结束，赶紧把他送进监狱，这件事就此过去。而现在他进了医院，我很懊悔，觉得自己做得很不对。我不想让他进医院，也不想让他进监狱，可是对他来说，医院和监狱又是很好的去处。接下来谈论一下我当时混乱的情绪。

连续失眠了几个月后，我收到了进行下一场听证会的通知。我们又参观了一次法庭，又等着扬声器叫我们的名字。大约在下午 4 点 30 分时，审判结束，我们回到旅馆短暂休息片刻，但是等我们醒过来的时候，已经是第二天早上 7 点，又该出发去法庭了。第二天庭审结束后，我们计划先休息一会儿，晚上放松一下。但我们筋疲力尽，第二天早上 7 点才醒来。

第7章
训练有素的耐心

判决结束后,我的生活仍在继续,而我父亲的生活却停滞了。我结婚时,他在监狱里;我的第一个孩子出生时,他仍在监狱里;此后的几年里,他都在监狱里。

当再次与这位缺席的父亲生活在一起时,我可以从自己的兴趣和习惯中看到他的一些影子。我会遇到几个认识我父亲的人,会像他一样与那些人进行交谈,会为接下来将发生的事情做好准备。这逐渐变成了一个身份问题,我甚至不知道该如何理解自己的名字。

我不得不更深入地思考,想要真正了解自己的身份,想知道自己希望成为谁。我不得不把"本·伍德沃德"这个名字理解为自己创造的东西。我需要理解自己内心的感觉,需要把负面情绪放在合适的位置,然后与父亲建立起一种恰当的关系。

> 谨记,完美的结局并不是目标,前进的过程才是。

我花了很多年的时间去理解、剖析、改变我和我父亲这种奇怪而痛苦的关系,但我们仍然没有像我当年坐飞机去英国时想象的那么亲密。我小时候还会偶尔收到他的书信,可他现在沉默不语,但那也比以前好很多了。[1]

在父爱缺席的前几年,这种挫折是环境强加给我的,而之后的挫折,则是我的积极主动造成的。我带头起诉了他,在法庭上公开指证他,开车送他去法院接受审判。这些经历都让我很痛苦,虽然不是我

---

[1] 这是一个不寻常的旁注,但书写非常独特,就像指纹和声音一样很有辨识度。所以,对于一个孩子来说,当收到了来自缺席的父亲寄来的信时,这件事会变得非常特别,因此我对他的信产生了一种奇怪的感情。

的错，但都是我初次经历的。

一段持续的关系往往需要经营，就像跳舞一样，向前迈，向后退，都需要认真付出，反复练习。经营这段关系让我懂得耐心不是忍受时间流逝，而是巧妙地忍受。我不得不直面眼前的事情，即便这些事带给了我痛苦，我也要从中找到价值，寻找生活的方向。

如果这些事情控制了我，那么我肯定会被塑造成一个自己不想成为的人。因为耐心需要我们真正采取行动，而不是自我感动。

随着我对宽容的理解逐渐加深，我发现自己也会逐渐释怀怨恨。如果我想摆脱当年那种幼稚的绝望感，就既不能被动，也不能陷于纠结，我必须在痛苦和逃避之间做出选择。

投入耐心，忍受现实，回报就会大于付出。

在人生路上保持耐心

在莎士比亚的《奥赛罗》中，我们可以读到："没有耐心的人是多么可怜啊！什么伤口不是一点点愈合的？"思考一下你最近感到不耐烦的事情，写下造成这件事的原因，再写下克服挫折真正需要的品质，让期望变得更加现实，做好准备走上前进的道路。

问自己以下几个问题：

- 在展望未来时，想象力会发挥什么作用？
- 在评估自己的潜能时，你的想象力会如何影响你？
- 你如何运用自己的想象力打造一个美好的未来（包括生活、事业、人际关系等）？
- 你可以采取哪些行动来逐步走向更美好的未来？

第8章
放下对过去的失望

把自己束缚在过去,会限制我们走向未来。

2007年,伊朗一名18岁的男孩阿卜杜拉·侯赛因扎德在一次街头斗殴中被刺身亡,凶手是曾与他一起踢球的同伴巴拉尔。这是阿卜杜拉的妈妈萨梅雷·阿利内贾德第二次遭受丧子之痛,她的小儿子在11岁时就已在一场摩托车交通事故中丧生,她再一次痛失爱子,令她愤恨于命运的不公。

7年来,阿卜杜拉案的被告、凶手巴拉尔始终被关在监狱里等待处决。在这7年里,失去孩子的悲痛一直折磨着阿卜杜拉的父母。

在伊朗的文化习俗和法律中,如果阿卜杜拉的父亲阿卜杜加尼同意,他有权推翻对被告的死刑判决,但这并不意味着免除对被告的监禁,而是意味着受害者的父亲有权决定被告的最终惩罚结果。出于爱意,阿卜杜加尼把决定权全部交到了妻子手上。她没办法做到宽恕,她决定对被告处以绞刑。

然而,在行刑前,萨梅雷做了一个很逼真的梦,梦里她的儿子走到她跟前,让她别报仇了。在接受《卫报》采访时,她说:"前两天晚上,我又梦见了他,但他没有和我说话。"[1]

---

[1] 赛义德·卡玛丽·得罕(Saeed Kamali Dehghan),《放过杀子凶手的伊朗妈妈:复仇之念已烟消云散》(*Iranian Mother Who Spared Her Son's Killer:Vengeance Has Left My Heart*),《卫报》(*The Guardian*),2014年4月。

第8章
放下对过去的失望

行刑前一晚,她睡不着,跟丈夫说她真的没办法原谅那个凶手的所作所为。丈夫回答说:"那就让我们仰望真主安拉,看看会发生什么吧。"

凌晨时分,人群聚集,等待行刑。行刑时要诵读《古兰经》,被蒙住双眼的年轻死刑犯站在椅子上,脖子上还缠着一根绳子,双手则被绑在背后。无论他犯了什么罪,这一幕都让人难以接受。在最后时刻,巴拉尔向萨梅雷哭诉以乞求原谅——即便不是为了他,就当是为了他的父母。

结果出乎所有人的意料,很可能也出乎萨梅雷的意料:她走到男孩面前,没有推开绞刑椅,而是狠狠地扇了他一巴掌。

"在那之后,"她对《卫报》回忆说,"我觉得心中的愤恨似乎消失了,我感到血管里的血液又开始流动了。我哭了,然后叫我的丈夫去解开绞索。"

这位妈妈饶恕杀子凶手的事迹传遍了全世界,她成了英雄,在伊斯坦布尔被公认为"年度最佳母亲",接受了许多媒体的采访,全世界的人谈到她时都会感到振奋鼓舞。

当被问及她希望别人能从她的经历中学到什么时,她说:"年轻人出门时不要带刀……"不过,通过这件事她也传达了一些更深层的信息。关于宽容,她这样说:"这些年来,我觉得自己就是一具移动的死尸,但现在我感觉内心很平静,我不再有任何复仇的念头。"

如果我们想发挥自己最大的潜能,就一定不能固守过去。无论是自己犯下的错误,还是别人对自己造成的伤害,甚至是对错失良机的怨恨，我们都必须放下，否则我们未来的发展将会受到限制。宽容他人，放下对过去的失望，以长远的眼光审视自己，就是拥抱未来的最佳方式。

> 宽容不是偶然的行为，而是一种持续的态度。
> ——马丁·路德·金（Martin Luther King,Jr）

宽容是为了更好地前行

宽容是一种情绪，还是一种行为，抑或是两者的结合？在我们处置犯罪者时它又意味着什么呢？

从词源上看，forgive 来自古英语单词 forgiefan，意思是放弃、容许、赦免或宽容。进一步分解来看，for 和 give 既表示"宽容"，又表示"赦免"，因为 for 这一前缀通常代表"远离""相反"或"完全"。

一旦选择了宽容，就不能半心半意，真正的宽容是完全原谅，无论是债务纠纷还是违法犯罪，都要完全释然。正如那位伊朗妈妈所做的那样，既然我们选择了宽容，就要学会完全抛下复仇的欲望。

我们还应把宽容视为过程而不是结果，必须一遍又一遍地重复，很少有人能在选择原谅后完全释然。C.S. 刘易斯曾说："宽容的难点就在于，星期一的时候你以为自己已经完全放下了，到了星期三却发现自己仍然耿耿于怀，所以不得不从头再来。"[1]

1985 年，来自威斯康星大学麦迪逊分校的几位研究人员希望从宽容这种品质中发现一些科学成果，但是，作为优秀的科学家，他们首先需要尽可能全面地定义宽容。纵观犹太教、儒家、佛教、基督教、

---

[1] C.S. 刘易斯，《C.S. 刘易斯书信集（第三卷）》(*The Collected Letters of C.S. Lewis Volume III*)，哈珀柯林斯出版集团（HarperOne），2009 年 6 月。

伊斯兰教和印度教的古代文学作品及现代哲学著作，我们可以发现一个共同的主题：在受到他人不公平的对待时，都会选择以德报怨，宽以待人。

"我们发现，宽容是仁慈的一部分，宽容行为往往来自弱势的一方，即受到不公平待遇的人抛出了橄榄枝。但宽容绝不是示弱，因为宽容者不是在纵容、原谅或者遗忘，甚至也不必与他人和解。宽容是以善为核心的品质。当一个人选择宽容时，他并没有放弃正义，而是在宽容的慈悲中践行这种品质。"[1]

很多时候，我们纠结于该不该选择宽容，因为我们不明白自己真正需要什么。我们以为放下就意味着容忍错误，让自己反复遭受不公，但事实并非如此。

我的父亲曾多次伤害我，无论是在我成长的过程中缺失陪伴，还是忽视自己平日里的不良行为，都给我造成了情感上的创伤。但我需要学会应对，学会理解和放下，在这个过程中，我需要和他确立一个适当的关系，从而让自己继续前行。

宽容并不意味着假装对方没有做过任何错事，毕竟获得赦免的巴拉尔虽然免于死刑，但仍然没有重返社会的自由。这一仁慈的判决为他和他的家人留存了活下去的希望。更重要的是，如果萨梅雷的内心依然充满怨恨，她就无法实现内心的自由。

真正的宽容能够赋予我们继续前行的力量，即便从此以后我们会变得更加谨慎、有所戒备，但是这意味着我们虽然不再如孩童般天真烂漫了，但对未来仍然抱有希望。

---

[1] 亚当·科恩（Adam Cohen），《宽容的科学研究：书目注释》（*Research on the Science of Forgiveness: An Annotated Bibliography*），《至善》杂志（*Greater Good Magazine*），2004 年 10 月。

第8章
放下对过去的失望

面对宽容需要……

多年来，我不断地试探自己的底线，不断质疑前进的方向，在宽容父亲的过程中，我到达了一个新的起点。我开始怀疑，是不是我的怨恨阻碍了他的改变，是不是他的孩子和他人的评判带给了他阻力和耻辱，以至于他无法释怀，仿佛失去了改变自己的能力。如果我们在某人信念不坚定的情况下信任他，帮其树立信念，那么宽容是否也能产生同样的效果？宽容能促成奇迹发生，会让他在他自己都没有发觉的情况下相信改变是有可能的吗？

答案是肯定的，也是否定的。

我想起了在1965年首次出版的旧版《读者文摘》(*Reader's Digest*)中有这样一个故事，讲的是一个罪犯在服刑后得到宽容。故事中，一名男子坐在火车上，旁边是一个看起来很沮丧的年轻人。经过一番交谈，男子发现这个年轻人是从遥远的监狱获得假释出来的罪犯，他讲述了坐牢给他的家庭带来的耻辱，还说他在坐牢期间没有多少人来看他，甚至没有多少人给他写信。尽管亲朋好友可能是由于没时间或没钱才没去看望他，但年轻人还是担心他并没有获得大家的宽容。

为此，他曾给家人写过最后一封信，请求其家人在火车经过他们的小农场时给他传达一个信号——如果大家原谅了他，就在铁轨旁的大苹果树上系上一条白丝带；如果不想让他回来，那就什么也别做，而他也会留在火车上。

火车离农场越来越近，年轻人越来越担心，他向旁边的男子寻求帮助。他说："再过五分钟，火车司机就会鸣汽笛，这代表着前面会出现一个长长的弯道，它通向我家所在的山谷，到时候你能帮我找一下路边的苹果树吗？如果上面有白丝带，请告诉我，好吗？"

火车尖锐的汽笛声响起，年轻人再一次问道："您能看到那棵树吗？上面有白丝带？"

男人回答说，感觉自己见证了一个奇迹，"我看到那棵树了，而且我看到不止一条白丝带，几乎每根树枝上都有，大家都很喜欢你"。这些丝带所展现出的爱和宽容让这个年轻人震撼不已，他的人生观发生了变化，甚至他的外表都发生了改变，这给了他改造自己的力量。

我们受到伤害时，往往会认为犯错的一方有责任迈出第一步——就像这个年轻人必须回家证明一些事情，才能完全释然。在一个充满公平的世界里，也许这样说是正确的。但这个世界并不公平，否则我们一开始就不会受到不应有的伤害。到底是谁想要公平呢？这不是剥夺了我们做善人的机会，阻碍了我们的同情、仁慈、慷慨、无私和宽容吗？

我年龄稍小的孩子每天都在跟我谈公平。"他用你手机的时间比我长，该我玩了。这不公平。""怎么轮到我洗碗了？他昨天没好好洗，我现在相当于在帮他洗。这不公平。"从孩子的角度来看，世上的不公有多少，对他们的影响有多大，这笔账可以算很久。他们今天必须洗澡是"不公平"的；他们昨天去上学了，今天又要去上学是"不公平"的；乔希可以开自己的车去学校，诺亚却不能，这也是"不公平"的（且不说乔希17岁，诺亚才7岁）；他们必须吃蔬菜、按时睡觉、共用一些设备或者做我要求他们定期做的事情，这都是"不公平"的。说到这里，你可能会注意到一个反复出现的主题：我们经常说的"不公平"通常是"现实摆在面前，但我不想做"的另一种说法。如果公平让你感到压抑，那就把一些看似不公平的事情列出来，看看其中有多少事情只是让你感到不舒服，却是现实要求的。也许这是一个有趣的活动。

我们想要的其实不是公平，而是彼此之间真正的联结，而宽容是爱的纽带，它把我们联结在了一起。

作为一个已成年的儿子，我和父亲的关系却比我年少时更加微妙，而且自从他入狱以来，这种关系就牢牢地建立在现实之上。这与他不愿面对现实、想要掩盖所有错误，并把自己伪装成完美父亲的想法形成了鲜明的对比。这样一来，用来掩盖一切的面具下的宽容根本就不是真正的宽容，而只是对现实的逃避。但我们只有敢于面对现实，才能真正放下过去的伤痛并继续前行。

有时候我和他交流非常费劲，我很难表达清楚，他也很难听进去，但这种谈话是必要的，能让我们放下过去，继续前行。

至于我们的关系有没有缓和：他从未向我道歉，甚至仍然死性不改。但我宽恕他并不是为了操控他，而是为了释怀，从而让自己成长。所以，无论如何我必须学会原谅他，虽然他没有为自己的行为找借口，但我和他既然已经直面了我们之间的问题，就没必要继续纠缠，只需保持必要的界限就行了。我可以在我和他都知道的那棵树上挂满丝带，因为我想，如果互换角色，我也希望能获得同样的对待。我至今仍爱他，也很高兴他是我的父亲，虽然我没有真正信任他，但我也不会拿谁取代他。

宽容是一份自由又纯粹的礼物，既能让给予者感受到自由，又能给予接受者放过自己的选择。无论后者选择了什么，前者都可以就此解脱，获得自由。

宽容和耐心一样，并不是源于懦弱和自满，而是需要勇气和道德。如果我们不正视这些问题并尽可能纠正它们，它们就会成为难以摆脱的负担，萦绕在我们心头。如果不直面这些问题，不将其解决，我们的良知也不会让我们继续前行。

霍普学院（Hope College）的夏洛特·范欧阳-维特弗利特（Charlotte vanOyen-Witvliet）和她的合作研究人员发现了怀恨心理的影响。该研究认为，宽容可以将受到伤害的人从痛苦和报复情绪的牢笼中解放出来。确切地说，他们发现宽容对情绪和身体都有好处，包括减轻压力，减少负面情绪，减少心血管问题，提高免疫系统的性能等。[1]

在70名参与实验的霍普学院本科生中，有一半的人会对曾经伤害过或虐待过自己的人予以宽容，另一半的人则不予宽容。其中，宽容意味着同情犯错者，放下负面情绪，代之以和解的态度。而不宽容就意味着要反复回忆伤痛并记恨对方。

---

[1] 亚当·科恩，《宽容的科学研究：书目注释》，《至善》杂志，2004年10月。

当这些学生回想起那些被伤害的过往时，愿意宽容的一方的心理和生理反应、情绪反应和面部表情都比不愿宽容的一方更健康。此外，选择宽容的学生动脉血压更低，而且他们的某些变化一直持续到了实验结束。

这些变化与长期处于恐惧和愤怒状态中的另一方形成了对比。

宽容是一种主动的行为，不宽容也是如此。如果选择后者，要么就是在逃避现实，拒绝面对遇到的问题；要么就是有意怀恨在心，助长心中已有的恐惧和愤怒。真正的宽容需要对抗——不是与对方对抗，而是与我们自己及我们的情绪对抗。

虽然我希望自己能从我父亲的角度出发，听到他的道歉，但我已经明白了我们之间的正常关系应该是什么样的。这不是为自己开脱，也不是不在乎，而是宽容和同情。在这个维度里，我们找到了一种适合彼此的关系，虽然这种关系与我儿时梦寐以求的那种父子关系截然不同，但比幻想要真实得多。我那满是缺点而又不堪一击的父亲，也能真实地与我建立起这种关系，再也不用伪装自己、逃避自己或淹没自己了。

宽容就是在回首过去时不再感到切身的痛苦，而且已经做好准备着眼于当下，不受束缚地走向未来。

不要有过多的期待

有时候我们的遭遇就跟任何一个直接正犯一样难以得到原谅。[1]

小时候,我有一个玩伴,他仿佛是个幸运儿。他的父母很强壮、聪明、富有,而且婚姻幸福。他的家庭在我们的社区里很受尊重,而且他身材高大、身手矫健,还很聪明。而我却身材矮小、发育迟缓,出身于一个并不富裕也不受尊重的破碎家庭。多年来我始终觉得自己没有像他那样赢在起跑线上。

具有讽刺意味的是,随着我的事业腾飞,我现在能够给我的孩子们提供我小时候想要的生活条件,但我时常会纠结,因为我希望他们能拥有我所渴望的舒适,能获得我已获得的智慧,但又不希望他们承受与之相对应的挫折。这也是本书的核心所在。我们不能两者兼得。不经历分娩的痛苦,就没办法诞生一个全新的自己。不过,到我们重生时,等待我们的将是一个激动人心的新世界。

---

[1] 直接正犯为法律名词,指以自身行动直接实施刑法规定的犯罪行为的人。

事物的另一面

当我学会抛开过往的困扰，撕下别人贴在我身上的标签时，我发现生活中权利的得失是公平的。这些权利不会成就我们，也不会击垮我们。真正能让我们与众不同、能让我们的潜能得以激发的，是我们回应世界的方式。令人兴奋的是，每一天我们都有新的机会去回应世界。

在我 28 岁左右的时候，一个认识我才几年的老太太停下来和我聊天。话没说多久她就亲切地称赞道："你太棒了，我真为你高兴。看到你现在的为人，还有你的家庭，你的父母把你教得很好。"

她看着我，以为我从小就拥有各种各样的机会，成长在一个家风很好的家庭中，我享受的生活都得益于此，但实际情况并非如此。

我之所以拥有这些机会，不过是因为我敢于直面过去。我私下里其实始终把自己的童年经历当作负担，直到有人问我："你认为自己是拥有神圣潜质的天选之子，还是一个碰巧走运的苦孩子？"

这个问题的指向性很明显，因为他知道我的回答不会是后者。无论我取得了什么成就，对我来说永远都不够好，因为我不相信自己足够好，仅此而已。我只是碰巧走运罢了。

伤痛塑造了我们的思维模式和自我信念。环境会带给我们痛苦，放下是一回事，重拾信念则是另一回事。请再读一遍这句话，这是我花了 10 多年时间才想清楚的道理。我费了很多时间和精力试图原谅他人，好让自己好受些，最后我做得相当成功。我发现，以前即使我用平静取代了痛苦，但是之后还是会以其他方式继续痛苦。我研究了很久也没有发现其中的联系。虽然我做到了平静，做到了原谅、放下，可以继续向前、不再去想，但在潜意识里，我仍然把自己看得很低，而且始终在按照这样的思维行事。为什么？因为在我看来，虽然我是一个能够朝前看的人，但仍然是一个出身贫苦的孩子，只是运气好罢了。这其实是一个错误的观念，虽然我努力摆脱自己的出身，但这种观念终究源于此。我太专注于修补和家庭成员的关系、做正确的事，而没有仔细观察环境对观念造成的影响。观念也需要改变。如果我想在生活中继续前行，就必须放下过去的那些观念、怨恨和追求。

放弃苛刻的自我评判

我的妻子喜欢跳舞，而我跳得很差劲，所以我害怕跳舞。你可能觉得我用"差劲"这个词来形容自己的舞技有点夸张了，但如果你亲眼看到过，就不会这么觉得了，你脑海里出现的也许会是一些更夸张的词，而我也并不太想写出这些词。

多年前，在公司欧洲分部管理层的一次年会上，公司邀请所有经理的配偶或搭档都前去参加年终庆典，以感谢他们的大力支持。晚餐后是欣赏音乐和跳舞环节，金兴奋不已，而我则暗自恐慌。即便如此，只要有足够多的人聚在一起把我挡住，我还是会和她一起在舞池里共舞。我想让她玩得开心一些，所以我必须接受，还得平和地面对。（太浪漫了！）

过了一会儿，我放松了一点。我越来越自信，做的动作既有节奏又有活力。随后我发现舞池的另一端有一面落地镜，我巧妙地把我们跳舞的方向往那边移动，好让自己看一眼这自我感觉不俗的舞蹈。然而我看到的不是自以为的情景，镜子中的我僵硬、紧张而不自在，我的天哪，这还是我感觉自己处于放松状态下的样子。

我想过很多次，为什么我很想把舞跳好，但同时又害怕去跳舞。我妻子解释说："本，你不是不会跳舞，而是你不愿意跳。你之所以不愿意跳,是因为你太把自己当回事了。"

她说得对。我不喜欢让自己看起来很蠢或者让自己出洋相。

我成了自己最严苛的评判者,导致自己不停地犯错,从而陷入了一种循环,以至于我无法在舞池中纠正自己的舞姿。

这并非易事。圣雄甘地曾经说过:"宽容是强者的特质。"要重拾信念,最难的不是原谅别人,而是与自己的缺点和过失和解,也就是且行且释怀。

然而一次次的经历证明,在一些时候,我们要容许自己被原谅,没必要一次又一次地为同一件事感到歉疚。我们要容忍自己的失败和过错,学会放下它们带给自己的耻辱,要自信地向前走。

要宽容自己就得努力重塑自我信念,要排解掉悔恨和羞愧的情绪。

悔恨是一种有益的外在情绪,可以帮助我们改善和纠正错误的行为;而羞愧是一种执着于过错的内在情绪。感到悔恨表示"我做的事"是错的,而感到羞愧表示"我"是错的。在觉得羞愧时,我们会对自己失望,也许还会伤害他人。即便对方对我们表示了宽容,我们还是会发现很难排解这种情绪。

我对舞池的持续恐惧表明,要克服这个弱点还有很长的路要走。所以让我们一起接受挑战,不要把自己太当回事,放下那些束缚自己的蠢事,不要陷入不必要的羞耻感和"不够完美"中。我们应该给自己一些空间,不要对自己太过苛刻。宽容是一种品质,它必须向内延伸到自己,也必须向外延伸到他人。

> 宽容就是释放一个囚犯,然后发现这个囚犯就是你自己。
> ——刘易斯·B.斯梅德斯(Lewis B.Smedes)

摆脱"我应该……"思维

从前有一个驯象师,他可以用一条很重的链子绑住小象的脚踝,于是它们就会站在原地一动不动。一旦链子能将小象拴牢,驯象师就会把链子换成绳子。这时牵制小象的不再是绳子,而是它们脑海中认为自己无法挣脱束缚的信念。

小象逐渐长大,但它却始终认为绳子能拴住自己,因此不做挣扎,也不去反抗。于是一头成年大象就这样简单地被一根绳子拴住了。

当然,这对我们来说也是一样的。我们经常会受到一些小事的牵绊。每当我们努力向前迈进时,那根小绳子就会拉住我们的脚踝,我们就无法发挥出全部的潜能。如果我们愿意释怀,就会发现,阻碍我们的往往都是很容易解决的小事。最可靠的下坡路往往是最平缓的,所以,是时候把绳子扯掉了,多宽容生活中的小事吧。

> 我们在宽容他人的同时,自己也能获得自由和解脱。

其实,在我们摆脱"我应该……"这种处理问题的思维后,我们就会释放自我意识。在受到伤害或梦想破灭后,我们内心的自我保护机制容易引发我们的怨恨情绪。我们的自我意识非常擅长为受害者心理及悔恨情绪辩护。

　　这些感受当然没有得到真正的辩护,但是当我们想努力挣脱时,它们又带给了我们沉重的负担。要想不被他人冒犯,要想给予加害者宽容,或者让伤害和失望情绪烟消云散,就需要我们刻意舍弃一些东西。我们的自我意识会让我们误以为紧抓不放是我们势力强大的象征,但宽容其实会让我们更加强大。宽容永远是更勇敢的那条路。

从浅水区开始

我们的内心世界既受到不公平的影响,也受到宽容的影响。当我们选择宽容时,其实是在用善意取代不公平。这不应该被理解为对现实的认可或容忍,而是一种善良的选择。

但我们必须明白,宽容也许需要一遍又一遍的承诺才可奏效。我们可能会觉得一件事已经过去了,但后来发现它又卷土重来。

培养宽容的品质就跟学习游泳一样,是一个逐步推进的过程。我教我的孩子们学习游泳的时候,注意到了一种发展模式。一开始,他们紧张得死死抱住我或他们的妈妈,身上一沾水就感到浑身不自在,因为这种体验对他们来说是完全陌生的。慢慢地,他们逐渐发现浑身湿漉漉的感觉还挺好玩,于是他们就开始扑腾了。

初学游泳的孩子在水中一扑腾,往往会把水溅到自己脸上,然后吓自己一跳。每个孩子都有自己的成长节奏,不过他们最终都会对水溅到脸上习以为然,从而敢于尝试把头伸进水里。在加油和鼓励声中,他们不断重复这个动作,直到完全不再感到恐惧。渐渐地,他们可以把充气臂圈取掉了,但是我仍然让他们在我的臂展范围内不停地练习,最终,他们能够自信地游泳了。

现在他们长大了一些，作为他们的父亲，刚开始我的任务是在水中把他们掂起来，到后来，逐渐转为尽量把他们往空中抛，然后他们不停地喊"再来一次，再来一次！"后来，这些小男子汉就想把我抛起来，以证明他们的男子气概。

培养宽容的品质也是同样的道理。重复做小事情能够坚定我们的信心、强化我们的渴望，能让我们大步向前。在宽容的水里游得越久，我们就越能感受到其魅力，能力也就越强。有时候，这种练习会让我们乐在其中，而有时候，我们会感到焦头烂额。

要想让宽容精神陪伴我们一生，我们就要怀着感激的心态工作生活。要学会增长见识、寻找机会、把握成长、与时俱进，我们才能看到其中的价值。请记住，并不是幸福的人才会心怀感激，而是心怀感激的人才会幸福。当你心怀感激地选择宽容时（有时这很困难），你就是在把自己推向更幸福的道路上。所以，不要因为"心如止水"而错失了美丽的浪花。如果必须选择宽容，建议你可以从浅水区开始，现在是时候跳进去了。

> 并不是幸福的人才会感激，而是感激的人才会幸福。

宽容之路

1. 意识到宽容也是一种选择。
2. 衡量一下不公平的事件对自己的情绪造成了多大的影响（在这种情况下，我会感觉如何？）。
3. 有意识的情绪释放是否有其他替代方案（如果我不选择释放情绪，接下来会发生什么？这些未被释放的情绪会去哪里？）。
4. 评估一下这些情绪的影响，尤其是愤怒、仇恨和怨恨的情绪。
5. 说出那些相反的情绪，比如平静、爱与接纳等。
6. 确定好培养积极情绪的方法。

拥有长远的眼光

我们很容易在某个时刻占据道德制高点，但下一秒又发现自己的道德水准不高。不过，在考虑是否宽容他人时，我们自己的不完美和不足之处可以指导我们做出决定，尤其是在我们自己也很需要获得宽容的时候。

培养宽容能力的最后一步是共情，即愿意对他人抱有善意的态度，这是恢复情绪健康和真正做到宽容的表现。宽容的最高境界不仅仅是放下过去所受的伤害，还要能表露出满满的善意。我们要学着向对方传递爱和仁慈，而且认为这是我们"想要"做的，而不是我们"应该"做的。这并非出于责任感，而是一种由爱驱动的发自内心的意愿。

这种状态不会马上实现。我们不是在泳池里戏水的孩童，事实上，这种状态更接近于成人泳池的深水区。就我而言，工作了很多年之后，我才抵达这里。但为了达成目标，走一段漫长的道路是值得的。抵达之后你会发现这里的水温暖而诱人，这里的深度会营造出一种静谧的氛围，让人感觉清澈而宁静。

最好的自己会坦然面对身边的机会，会感受到周围人的帮助，并朝着人生目标前进。你将开始用新的眼光去审视自己、周围的环境及他人，这样我们就能战胜挫折，打败懦弱。摆脱了过去所受的伤害和错误的观念所带来的束缚，你就能跑得更远，跳得更高，怀着更大的信念和更强的信心迈向更强大的自我。

各种品质交织在一起，会创造出一个完整而全新的自己。随着时间的积累，我们不断培养耐心，就会逐渐造就自己全新的性格。

在此之前，我们必须一砖一瓦地为自己铺设道路，放下过去沉重的负担，向新的未来迈进。这对当下来说确实是痛苦的，但是足以夯实憧憬未来的每一步路。每一块粗糙的砖块在我们手上留下老茧，都是为了迎接更光彩绚丽的未来。

创造自己的愿景

最好的自己是什么样子的？花点时间去想象一下，包括我们所追求的品质是什么样的——不被怨恨的情绪束缚；给予所有人爱和宽容；面对逆境，怀着仁爱和耐心；能够控制自己的情绪，对自己、同龄人及这个世界永怀热情。现在，请把这些品质融进自己的生活中，为自己创造一个不受过去影响的愿景，这一切都是值得去努力的。

问问自己以下这些问题：

在你的生活中，有没有人需要你的原谅？

你需要他们道歉才能原谅他们吗？

你和自己相处得如何？

你是否做错了什么事情，需要原谅自己并放下？

> 你可以通过做哪些日常练习来让宽容他人和宽容自己变成积极主动的行为？
>
> 如果你没有对过去受到的伤害怀恨在心，也不计较任何令你怨恨的事，而且还宽容了所有让你受到冒犯的事，你会有什么感觉？
>
> 对你来说，这样的状态可以实现吗，值得去实现吗？如果答案是肯定的，你会怎么做？

第9章
在努力工作中寻找意义

虽然未来比我们想象的要难,但我们比自己以为的要强。

如果想获得不同的结果、过得更好或者到达更高的位置，我们必须具备更多独特的能力，而不是他人都有的天然能力。毕竟，即便是万里挑一，地球上也至少有 7000 人和你一样。为了战胜内心的恶魔，获得新的机会，在人群中脱颖而出，发挥自己的终极潜力，我们还有很多工作要做。

以毕加索展现的职业道德为例。尽管毕加索才华横溢，被誉为神童，但他仍继续以令人印象深刻的程度练习自己的技艺，直到生命结束。

在毕加索的第一件具有突破性的艺术作品问世之前，他已经在 20 年间创作了 7300 件作品。在 8 岁到 91 岁之间，他创作了大约 50000 件艺术品，其中包括 885 幅绘画、1228 件雕塑、2880 件陶瓷、12000 幅素描，以及数千幅版画、挂毯和地毯。要创造出这么多作品，说明他大约有 30295 天在工作，或者每天创造出不止一件新作品。[1]

另外，通过科比·布莱恩特去世这一毁灭性的打击，我们可以回忆一下他作为 NBA 有史以来最优秀的球员之一所展现出的职业道德。有一次，尽管他手腕上打了石膏，但还是比他人提前三个小时开始练

---

[1] 梅奥·奥辛（Mayo Oshin），《毕加索谈一夜成功的神话》（*Pablo Picasso on the Myth of Overnight Success*），兴盛全球公司（Thrive Global），2019 年 2 月。

第9章
在努力工作中寻找意义

习，以弥补受伤带来的影响。

汤姆·布雷迪（Tom Brady）会严格遵循提前一年制订好的饮食计划，这种自律精神使他获得了4次"超级碗"冠军。莫扎特出身于音乐世家，从4岁起就开始学习钢琴和作曲。"猫王"埃尔维斯·普雷斯利（Elvis Presley）曾售出5亿多张唱片，比当时其他独唱歌手都多，并在1955年的365天内举办了315场演出。盖瑞·范纳洽（Gary Vaynerchuk）尽管拥有数百万美元的业务，但每天仍然工作18个小时。雅虎CEO玛丽莎·梅耶尔（Marissa Mayer）谈及自己在谷歌的经历时写道："记者们似乎认为谷歌每周的工作时长是公司的硬性规定，但实际上，'你能一星期工作130个小时吗？'更像是我们对自己的要求。"[1]

长期以来，我们都认为长时间辛勤工作可以引领自己走向成功——的确如此。

长时间努力工作固然重要，但是我们还必须在其他方面付出努力。一个名叫斯科特·杨（Scott Young）的人说："在朝着一个目标努力时，每个人都会先看看自己付出了多少，然后再审视获得的结果。大多数人将付出视为努力。"换句话说，如果我想成为百万富翁，那么必须付出一定的努力才能实现。我们的付出决定了我们的收获。

然而，在金融领域，很多底层工作者同样在努力工作，甚至比其他人更努力，他们付出得同样多，却没有获得相应的回报。

针对这一现象，杨指出了另外三点，以帮助我们实现理想的未来：

---

[1] 尤金·基姆（Eugene Kim），《雅虎CEO玛丽莎·梅耶尔解释了她如何每周工作130小时及其重要性》（*Yahoo CEO Marissa Mayer Explains How She Worked 130 Hours a Week and Why It Matters*），商业内幕网（Business Insider），2016年8月。

创造力、人际关系和学习。他说:"高超的创造力、良好的人际关系及很强的学习能力都比努力更重要。如果你想成为百万富翁,就必须具备一定的创造力、人际关系或学习能力,才能实现这个目标。"[1]

工作不是通过埋头苦干来影响结果。这种身体和精神上的高压不可能持久,尤其是在独自工作的时候。莫扎特也许天赋异禀,但他的父亲仍选择让他跟着老师学习。NBA 和 NFL 超级巨星都有教练和营养师。硅谷的领导者实际上也与该区域及其周边其他企业有方方面面的联系。

要想让自己在工作中获得回报,除了提高创造力、学习能力和维护人际关系外,我们还要不忘初心。我们不是为了工作而工作,工作只是一种媒介,我们是要将自己塑造成自己想成为的人。

> 没有付出努力,目标就是白日梦;没有目标,付出的努力就是苦差事。但是,目标加上努力,就能获得成功。
>
> ——托马斯·S. 蒙森(Thomas S.Monson)

---

[1] 托马斯·奥彭(Thomas Oppong),《努力工作是不够的》(*Hard Work is Not Enough*),兴盛全球公司,2018 年 2 月。

第9章
在努力工作中寻找意义

带着目标工作

在我还是个年轻爸爸的时候,有一天,我小儿子所在的幼儿园举办了一场运动会,要求所有孩子的父母都要参加。通常情况下,只有高中才会举办运动会,但那天的活动是为三四岁的孩子举办的。更令我难忘的是,所有的孩子都盛装出席。他们在父母的陪伴下,装扮成花园里的小矮人、小仙女或其他可爱的小生物,蹦蹦跳跳地参与了老师安排的一系列比赛。

这场简单的运动会是至今我最喜欢的一场赛事。所有父母都站在赛道边上,手里拿着相机,心中充满了自豪。大多数时候我们都是在看着自己可爱的孩子,相信他们会在比赛中获胜。在我们为孩子们加油助威的同时,也有几名老师拿着一袋袋糖果站在终点,引诱孩子们跑到终点。

虽然这场运动会很简单,但对于一个既喜欢吃糖,又想和父母待在一起的孩子来说,还是相当具有挑战性的。

在第一场比赛中,有一个小孩领先于其他小孩,第一个冲过终点线,成为获胜者。但是她越过终点线后,仍在继续奔跑,其他越线的孩子也都跟着她。现场顿时乱作一团,老师和一些家长急得直跳脚,追在孩子们后面喊，告诉他们本场比赛已经结束了。

第二轮比赛开始了。类似的场景再次上演：有个孩子跑在最前面，其他孩子都跟着他，突然他头顶的帽子被风吹走了，于是他急着去追自己的帽子，其他孩子还是继续跟在他后面跑。就这样，所有孩子的比赛路线向右来了个大转弯。

在第三轮比赛中，一位妈妈充满激情地为她的孩子加油，这个孩子拼尽了全力，但显然还是落后于其他孩子。这位妈妈拼命喊："加油，你能行，你能行！"但是，当她大声喊出孩子的名字时，孩子误解了妈妈话音中的情绪，在比赛中途停了下来，伤心地哭着说妈妈生他的气了。接着，这名小男孩跑到妈妈身边寻求安慰，并保证自己是个好孩子。尽管他的妈妈向他道歉，并保证不会责怪他，但她也拒绝了他的拥抱，轻轻地把他推开，让他回去继续比赛。

这场运动会真是一团糟，但也精彩绝伦。

其实，在生活中，有多少人也在拼命地奔跑，渴望获得一些连自己也说不清是什么的成就？我们始终在随大流，不知道自己要去哪里。我们的注意力转移到了无关紧要的事物上，失去了目标。对于戴着小矮人帽子的幼儿园小孩来说，这样的行为很可爱，但对成年人来说并非如此。

假如我只是在努力工作，没有约束自己的内心，没有进行自我教育，没有培养耐心，也没有放下过去，那么我的事业发展也就止步于此了。因此，我们必须参与到挑战中。当挑战变得艰难时，我们要勇于直面挑战，不轻言放弃。当机会来临时，我们必须牢牢把握，而不是白白错过。

第 9 章
在努力工作中寻找意义

　　回想一下第 7 章中詹姆斯·克利尔提到的改变人生的两个步骤：先决定自己想成为什么样的人，然后用一个又一个的小成就向自己证明自己可以达成这个目标。

　　在我们都熟悉的电影和书中，英雄的故事往往都是从一个目标开始的。丹尼尔·罗迪克（Daniel Rodic）将成为英雄的过程拆解为三个部分：行动的号召（目标）、考验和困难（工作）及最终战胜挑战（未来状态）。① 电影中并没有表现出考验和危机是多么艰难和持久。为了吸引观众或读者的注意力，英雄的奋斗之旅会被浓缩，但我们的英雄为了获得成功，在长时间内完成了大量的工作。

　　要想彻底改变内心的想法，想把行动的口号变成胜利的果实，时间必不可少。我们需要以深刻而有意义的方式完成这项工作，这样才能收获智慧。

　　如果没有朝着未来的目标去努力，我们就像对着星星许愿的孩子，因为不切实际的愿望只对没有目标的那些人有吸引力。我们真正需要的是可实现的希望，是我们可以达成的目标，以及一条通往目标的道路。

　　当我们展望未来时，必须首先弄清楚努力的目标，然后将它牢记于心。

---

① 丹尼尔·罗迪克（Daniel Rodic），《成功没有秘诀——只有努力工作》（*There Is No Secret to Success—There Is Just Hard Work*），《观察家报》（*The Observer*），2016 年 12 月。

更聪明地工作

佛罗里达州立大学教授、世界著名的表演心理学家 K. 安德斯·埃里克森（K. Anders Ericsson）曾发出这样的警告："如果你不努力，不管你有多少天赋，总会有人和你一样，甚至会有比你更出色的人出现。"[①]

对于我们许多人来说，努力不是一件容易的事。对于他人来说，努力成了他们身上的筹码。

曾经有一段时间，我将自己成功的主要原因归结为我的职业道德，而非其他因素。因为工作需要，我定期在不同的国家出差，四个星期中有三个星期都在路上，这种情况持续了七八年。由于我始终工作很努力，我成功升职加薪，积累了丰富的经验，最后如愿以偿地得到了我申请的工作。

我有时会在上课时说："我可能不是教室里最聪明的人，但一定是最努力的。"

这句话是我的口头禅——表面上看是一句谦辞，实际上却带有一定的炫耀成分。

[①] 丹尼尔·罗迪克，《成功没有秘诀——只有努力工作》，《观察家报》，2016年12月。

第9章
在努力工作中寻找意义

随着时间的推移，我渐渐意识到，让每个人都努力工作并不是成功的秘诀。有越多的人问我如何才能像我一样成功，就越需要我想清楚自己到底做了什么，从而确定自己可以教给别人什么。"我会比所有人都努力"这句话中包含的信息不够充足。

当我回顾过往的奋斗时，我发现，努力工作和拥有更多自主权似乎并不相关。我们必须抱着"一切都靠自己"的态度去工作，但同时也要怀着谦逊的态度尊重和理解事实并非如此。努力和天赋很重要，但时间、地点、意识、人际关系和创造力也很重要。我敢说，运气也起到了一定的作用，只不过依靠运气称不上是一种策略。当好运降临时，我们必须合理地利用好运，但永远不要依赖它。

企业家都充满激情，渴望取得成功并能够拔得头筹。通过对他们的观察，我明白了如何多角度地看待努力工作。努力工作指的是要在身体、心理、情绪、社交和创造力等方面下功夫，从而让我们付出的时间成本能收获最大的回报。

> 熟能生巧。

我想到了我的继父，他为我树立了一个努力工作的好榜样。就连在割草时，他都会慢跑。正是因为他，我才产生了这样的想法：只要我比他人努力，就能获得这份工作。长大后，这样的想法让我坚信自己应该干最多的活儿，并确保自己的努力能被他人看到。我投入了时间，做出了牺牲，并辛苦工作，只为了获得成功。

如今著名的"一万小时工作定律"广为流传，也是一个很好的激励人心的例子。但如果这一万小时都花在了做错误的事情上怎么办？届时能成为什么大师呢？我的音乐老师告诉我，熟能生巧。一旦养成坏习惯，就很难纠正。因此，要把花在学习、工作和建立人际关系上的时间用在正确的方向上，不要白白浪费。

举一个很恰当的例子，当我感到迷茫时，会努力厘清自己的思路，提前给自己做个"诊断"。接着，我会努力地学习、练习和工作，以便在脑海中捋清楚自己的想法。但我并不知道自己实际上做了什么，这样一来，我就养成了一些坏习惯，也产生了更多消极想法。虽然我在许多方面都有所改进，但在其他方面还是有所妥协。在我了解自己在做什么之后，我的学习方式才发生了变化，工作方式也变得更加合理。通过与一些受过良好教育的人合作，我也发生了巨大的变化。

取得任何成就都需要长期的努力和付出。然而，在工作中，我们需要熟练、高效、自主，并建立良好的人际关系。通过更聪明地工作，我们可以保持并推动这种成功，走向更美好的未来。

与他人合作

最强英雄在诞生的过程中,他们的性格往往会发生显著的变化。每次斗争都意味着会对英雄产生或大或小的影响,如果没有这种成长,即使是最生动的故事也可能无法走向圆满的结局,或者走向更糟糕的结局——英雄变成了反派。权力会滋生腐败,从而改变我们的自我认知,影响人际关系。

在一部部优秀的作品中,绝大部分情节都跌宕起伏,需要英雄的出现,这就是塑造英雄的最好机会。

在至善科学中心(the Greater Good Science Center)进行的一项研究中,研究者用隐晦的方法对自我感觉良好者的心理进行了具象化观察。[1] 实验中,三名学生同时留在实验室中完成一项特定的任务,其中一名学生被随机指定为小组组长。实验开始30分钟后,研究者在桌子中央放置了四块巧克力饼干。

在大多数情况下,被指定为小组组长的那名学生会拿走多出来的那一块饼干自己吃掉,因此大家经常会发生争吵,似乎每个人都认为这

---

[1] 吉尔·萨蒂(Jill Suttie),《是什么推动了成功?努力工作还是运气?》(*What Drives Success, Hard Work or Luck?*),《至善》杂志,2016年4月。

块饼干是自己应得的,而且每个人都想让他人明白这一点。

在詹姆斯国王版本的《圣经·旧约》中,《传道书》里有一句话这样说:"快跑的未必能赢,力战的未必得胜,聪慧的未必得粮食,明哲的未必得资财,灵巧的未必得喜悦。所临到众人的,是在乎当时的机会。"研究人员、心理学家、哲学家和经济学家也一再证明这个观点是正确的。

我们确实需要快速奔跑,需要强壮的身体和聪明的头脑,需要有技能傍身,但时间和机会迟早会降临到我们所有人身上。在一些时候,这是一份偶然而随机的好运,而在其他时候,似乎又是毫无意义的逆境。当我们将自己置于时间、机会和环境因素之上时,我们也将自己置于他人之上。我们开始失去同理心,也不会考虑他人的感受。然而,一项工作成果往往并不是一个人完成的。

我们都听过这样一句话:"重要的不是你知道什么,而是你认识谁。"实际上,真正要紧的是谁认识你。踏入正确的圈子——更重要的是,成为某人想要联系的对象——会给我们创造难得的机会。作为一名领导者,如果你愿意分享多余的那块饼干,那么你建立的工作关系会认可你的付出,并给予你回报。与他人分享机会可以培养我们的性格,孤芳自赏则不利于情绪的发展。

有时候,会有一些他人忽视的机会降临到我的头上,或者当他人把握住了属于他们的机会时,我也会跟着沾光。有时,我会为他人创造机会,雇用有心人。而他们也会珍惜并把握住这个机会,成就一番事业。

我最初的那份管理工作来自我老板给予的机会,尽管当时我的能力还远远不够,但是老板不仅看到了我的职业道德和我为工作付出的努力,还认为我是可塑之才,我总是在学习更好的工作方式。那次机会为我的职业生涯铺平了道路,所以在可能的情况下,我也会采取类似的做法,为他人提供就业机会。

如果我只想着努力工作,只专注于已掌握的能力和技巧,总是渴望那些与自己不匹配的机会,那么这将会影响我与他人的关系。当我们认识到是一些我们无法控制的因素促使自己成功时,我们就会更加感激和慷慨。

一位名叫霍月洲(Yuezhou Huo)的研究员进行了一项研究。他将学生分成三组,并要求每一组学生都列出以下三项中的一项:他们无法控制的外部因素,他们拥有的个人品质或采取的行动,以及导致一件事发生的非直接原因(这一项是由对照组列出的)。[①] 之后,每组学生都有机会将部分参与费捐赠给慈善机构。

研究发现,那些选择列出他们无法控制的外部因素的人向慈善机构捐款比那些选择列出个人品质的人多25%,而对照组的捐款数额介于两者之间。

多种因素共同发挥作用,能让我们拥有如今的幸运。承认这一点之后,我们会怀着更多的感激之心去工作。

有趣的是,我发现自己越心怀感激,工作越努力。我不得不培养自己与周围人的关系,并抓住遇到的机会。这会带来更多的机会。

[①] 吉尔·萨蒂,《是什么推动了成功?努力工作还是运气?》,《至善》杂志,2016年4月。

导师的作用

最伟大的人际关系之一,就是师生关系。我发现,非正式的师生关系和正式的师生关系一样有影响力。我阅读过许多书,研究了一些作者的生平,从他们身上学到了生活经验,这些书就像我的导师一样。这些"导师"不知道我的存在,但在我一生的大部分时间里,它们都指导着我。

家庭中也有人可以成为非正式导师。后来,我的工作和生活圈子里也有人可以成为我的导师。

但请记住,导师不会比你更希望你自己成功。如果你希望他人承担起更大的责任,那你想要的结果就不会出现。

承认运气的作用

在朝着未来努力的同时,有一条潜规则影响着我们,那就是尽管我们做出了努力和牺牲,但仍然无法控制一切。这种认知并不意味着我们要放弃承担责任。恰恰相反,承认运气的作用能让我们更好地承担责任,有助于激发我们对他人的感激之心、谦逊之心和同理心,可以让我们充实自我,扩展人际关系,从而获得更多的机会和进步。从来没有人可以在完全独立的情况下获得成长。

纳西姆·尼古拉斯·塔勒布(Nassim Nicholas Taleb)在《随机漫步的傻瓜》(*Fooled by Randomness*)中写道:"通过培养技能和劳动,可以收获微小的成功。巨大的成功则取决于人与人之间的差异。"

随着结果变得越来越极端,运气的作用也会越来越大。[1] 如果比尔·盖茨、马克·扎克伯格或埃隆·马斯克出生在一百年前,他们还会如此富有、如此成功吗?也许吧。如果他们出生在一个发展中国家,比如一百年前的土库曼斯坦,没有机会和技术,只有大量在当地自产自销的小麦,那么他们的生活会怎样呢?

---

[1] 迈克尔·谢默(Michael Shermer),《成功主要来自天赋、努力工作还是运气?》(*Does Success Come Mostly from Talent, Hard Work—or Luck?*),《科学美国人》杂志(*Scientific American*),2017 年 11 月。

在他们目前的境遇中，每个人都拥有极高的天赋、丰富的技能及充沛的体力，但外部因素也塑造了他们。

康奈尔大学经济学家罗伯特·H. 弗兰克（Robert H. Frank）写了一本名为《成功与幸运》（*Success and Luck*）的书，讲述了影响成功的因素及好运和努力的作用。如果一个人原生家庭条件优渥，居住环境良好，而且出生在恰当的时代，那我们会对他们产生很高的期望，希望他们能够在自己选择的工作领域表现出色。这不仅仅是因为他们有天赋，还因为他们的运气很好，能够进入好的学校并接受良好的教育。

幸运的是，好运可以帮助我们形成良好的性格。如果我们始终与合适的人建立关系，勤奋自主地学习，努力工作和付出，就会获得比以前更多的机会。而且当机会出现时，我们也为此做好了准备。做好以上三件事，我们就可以克服任何障碍，为自己创造一种引以为豪的生活，即便这种生活与我们最初的预期不同。

机会降临，也是一种幸运。

运气的作用并不能成为放弃或懈怠的理由。我从儿时的嫉妒心理中学到，运气只是人生经历的一部分。事实上，有些人可能要与运气做斗争，才能成为他们想要成为的人。衡量一个人的真正标准不是他获得了什么，而是他会成为什么样的人，他会如何锻造自己的个性、思想和为人处世，从而影响人生最终的结果。

我在 20 岁时对自己人生的愿景与 40 岁时的想法完全不同。随着逐渐长大，我们能清楚地看到自己还可以成为什么，这反过来又可以激励我们勇于做出选择。随着性格的发展，我们对生活的期许也在提高。当期许真的实现时，我们可以灵活地调整对未来的愿景，以适应我们可以掌控的局面，放弃我们无法掌控的东西。这就是为什么我们必须养成一系列无形的品质，而不是列出一堆"应该做和不应该做"的事项。

每个人都平等地拥有时间和机会，我们既不应该为此感到痛彻心扉，也不应该渴望拥有特权。我们应该全盘接受生活给予我们的所有东西，无论好坏，并给予最崇敬的回应。

当我们无法再前进一步时

在我曾经居住的社区,两公里外有一片周长约六公里的小湖。我告诉朋友塔夫,自己正考虑去湖边跑步。他嘲笑我,还提醒我做好算术。他觉得我不可能一次性来回跑完十多公里。我以前也从来没有跑过这么长的距离。

当然,挑战自我才是正确的做法,所以我向他保证,我一定会证明他错了。我兴致勃勃地挂断了电话,换上了一身跑步装备,然后就出发了。

跑了两公里到达湖边后,我开始想我是不是把自己搅进了一个局里。如果不是刚刚向朋友许下诺言,我可能已经转身往回跑了,轻轻松松地享受一下美好的四公里旅程,然后一天就这样结束了。但这涉及我的自尊心,我不可能这么轻易就表明他是对的。从腿和肺部的状态来看,这将是我一鼓作气就能达成的目标。以后我再也不会像这次这样环湖跑步了。

于是我穿过马路,进入了环湖的小路。

跑得越远,我就感觉越不好受。我真的没有为跑这么长时间的步做好准备——虽然塔夫不需要知道这一点。在我的自尊心让位于疲惫,

第9章
在努力工作中寻找意义

我打算放弃并返回时，我已经跑了一半的路程。但现在想要回头已经不太可能了，唯一的出路就是跑完全程。

我没带钱包，也没带手机，无法找到可以让我搭乘的公交车或便车。我只能不停地奔跑，一边哀叹腿疼、关节痛、肺痛，一边希望路过的人中有人认识我，可怜我，扶我一把。尽管内心如此渴望，但并没有人经过，也没有人来救我，现在只剩下几公里了，我终于向现实投降了。

有趣的是，我一想到自己要跑回家了，步伐就变得轻松一些了。我放松下来，开始专注于自己的步调和呼吸，试着做出调整，慢慢恢复精力。我不再考虑那些不必要的退出策略，转而把精力集中到了完成任务这件事上。

离开家不到一个小时，我就回家了，而且跑完了十多公里。跑到一半时，我以为自己无法再坚持了。而现在我已经完成了，而且我意识到，自己能够做的还有很多。完成这件事让我意识到，我的能力比自己以为的要更强。

由于我的天真，我设定了一个过高的目标。经验告诉我，实现这个目标比我想象的要难。当我最终接受挑战的时候，我能够更加努力地工作并取得比我想象中更高的成就。

任何经历都是如此，无论它是不是我们自己选择的。痛苦使我们烦躁，我们自然会选择战胜痛苦或者逃离痛苦。面对自己无法控制的痛苦，如果我们选择屈服，就会将注意力转移到身边的机会上，从而让自己获得更多成就，找到幸福、满足和意义。我们无法选择工作时长及工作环境，但我们可以选择自己的回应方式。

我们通常可以比自己以为的多走两倍甚至更远。不管你认为自己能走多远，都可以继续前行。当想要放弃时，其实我们还可以加倍努力。这适用于我们战胜困难，学习和发展新技能，并继续为未知的未来而努力。

在感到痛苦的时候，我会问自己："如果我再坚持一天，再坚持一周，会发生什么？"我反复提醒自己，不管我对时间的感知如何，时间始终在以同样的速度消逝。如果我们继续朝着理想的未来状态努力，始终对自己保持耐心，那么我们既可以生存下来，也可以变得更好、更强大。我们可以茁壮成长。

更新一下你对未来的期许

当你展望未来时，请问自己以下几个问题：

认识到影响工作的多种因素之后——身体、心理、情绪、社交和创造性——我的哪些方面需要改进或需要寻求帮助？

迄今为止，有哪些外部因素影响了我的生活？

我是怎么看待这些因素的？是感激、怨恨，还是漠不关心？我应该如何看待它们？

我目前的努力与我对未来的大致规划是否一致？如果一致，我该怎么做？如果不一致，思考一下其中的原因。

教练或导师之类的人会对我产生影响吗？

目前，现实中有哪些困难是我必须面对的？

面对这些困难，我是如何成长的？

第10章
主动妥协的勇气

当我们不再试图控制一切时,就能更好地控制可控的事情。

目前，我的大部分工作是为公司和个人提供咨询与指导，以帮助公司实现合并，帮助个人完成改变。我通常会告诉咨询者这个过程中所涉及的内容，包括调整目标、克服恐惧、给予希望，然后我会根据他们各自的经历和背景、观点和理念等进行分析，向他们提出具有新见解的方案。

在最近的一次战略会议上，一些商业领袖根据他们的市场现状互相交换了意见。我发现在会上提出的一些问题并不是无法解决，只是遇到了一些麻烦，我们都必须面对。

过了一会儿，我发现他们实际上并没有深入了解问题的根源。在解决问题之前，必须先认清问题，但他们还没有做到这一点。

我暂停了会议，解释道，要想做出改变，必须充分了解现状及造成这种现状的原因。如果我们不分析削弱市场影响力的因素，就无法提高在市场上的影响力。简单来说，计划的改变就像在汽车中使用GPS：创建理想路线需要知道起点和目的地，还需要花费大量时间并思考策略才能到达那里。如果我们不输入自己的准确位置，将永远无法到达目的地。

在这种情况下，他们需要知道自己应该从哪些事情做起，以及是什么造成了目前这种状况。所以我问他们真正的问题是什么，以希望能提高谈话效率。然而，尽管随后的讨论非常激烈，但大家始终不愿意说出真正的问题是什么。可惜的是，能够直面现实的能力并不能瞬间显现出来，甚至当我们直面自己时也是如此。获得这一能力也是自我革新的一部分，而本书所讲到的这些品质必定会帮助我们成功变成更好的自己。

会议结束后，一群人围坐在一起聊天，一位明智的高管说："你的问题成功引发了很多讨论，但我们并没有真正回答这个问题。"然后他想了想，补充道："我觉得，如果我们能如实地回答，可能会让我们中的某些人陷入窘境。"

他说得很对。当然，大家还需要进行后续讨论，才能帮助到需要帮助的人。我对那名高管说："窘境不是糟糕的起点。"如果起点正好是痛点，那真是太好了！当我们直面痛点、拥抱痛点时，改变才会开始。如果我们不能直面痛点，就注定会失败。毕竟，干裂的土壤和常年干旱的环境并不能滋养树木，肥沃的养料和充沛的雨水才能换来鸟语花香。我们都会在生活中获得应有的土壤和肥料。

一粒埋进泥土中的种子，它的周围满是黑暗、粪肥和雨水。因为种子本身蕴含着力量，所以好事才会降临。当我们在黑暗中蛰伏时，有时似乎什么都不会发生，但是为了吸收土壤中的养分，为了生长，种子必须放弃它的外壳。因此，我们必须打开自我。

即使一棵树长得又高又壮，也会有秃枝的时候，到那时，它的叶子会脱落凋零，枝条也需要修剪。但随着春天的到来，这棵树也会获得新的成长。

当我们面对现实中的挫折时，往往会先用坚硬的外壳进行自我防御，而不是寻找新的成长机会。有时，我们表面上充满信心地往前走，实际上却把真正的自己隐藏在外壳之下，忽略了现实。之后我们就会想，为什么自己要不停地绕圈子，为什么不能直达目标呢？

忽略现实情况只会让我们失去改变现实的能力。虽然暂时逃避痛苦似乎更容易，但这毕竟只是暂时的。我们可能会重复以前的解决方法，或者沉迷于一厢情愿的想法，因为这会让我们误以为自己正在想办法解决，其实这只是在做表面功夫，没有任何实际作用。这些做法会让我们把自己一直埋在黑暗中，无法助力我们的成长。

即使我们面临的是一个永恒而惨淡的冬天，仍然可以选择一种高尚而有力的回应方式。我们可以昂首挺胸直面现实，从"挫折会带来一部分快乐"这句看似矛盾的话中获得力量，我们必须放下对生活的掌控，才能更充分地掌控生活。相信我，承认痛点肯定会让你觉得自己的控制力更弱了。这就是我们经常逃避痛点的原因。

> 失去了自我，也就失去了限制。你就会充满无限可能，会变得善良而美丽。
>
> ——瑜伽修行者，巴赞（Yogi Bhajan）

妥协并不意味着放弃

在前面的章节中，我们已经明白了承担自己生活的全部责任，以及适应周围环境并从中汲取力量的重要性；我们已经懂得，时间和机会会降临到所有人身上，我们无法完全控制生活中可能发生的事情。但是，我们仍然有能力做出更好的反应并运用我们拥有的掌控力。由于自身控制力是有限的，在生活中，我们要学会妥协，向那些注定无法获得的东西妥协，同时最大限度地掌控可能获得的东西。

妥协并不意味着放弃——事实上，妥协与放弃完全对立。与放下过去类似，向现实妥协是一种对抗，它对我们的要求可能比其他任何事情都高。同时，当我们选择向当下的现实妥协时，它就是一种可以带来和平与自由的品质。

在进行长期斗争和持续挑战，尤其是与现实做斗争时，努力控制外部因素可能会让我们筋疲力尽。而妥协则是一种积极的选择，让我们不再逼迫自己去掌控所有事，让我们能够改变对自己、对环境及对未来的执念。

> 如果起点正好是痛点，那真是太好了！当我们直面痛点、拥抱痛点时，改变才会开始。如果我们不能直面痛点，就注定会失败。

自我与扭曲的自我认知

从精神分析的角度来看，自我是意识和无意识之间的中介，负责体验现实和培养个性。当然，弗洛伊德对"自我"的定义有很多层，而且我们通常将"自我"与自尊或自负联系起来。

然而，我所指的"自我"有一个更简单的来源。不让自己选择妥协是一种不健康的自我保护形式。如果一些人非常自我，他们就会受到优越感和自负的驱使。妥协是为了纠正扭曲的自我认同感，这种认同感将我们自己的利益凌驾于他人的利益之上。妥协能够让我们改变这种错误理解，意识到我们并没有自己以为的那么重要，也没有自己想象中的那么正确和富有权力，或者说，我们的感受和目的也没有那么重要。

"自我"会歪曲事实，让现实符合自己的理解。选择妥协需要我们保持谦逊的态度，意味着我们愿意调整自己，以容纳真理、反映现实。拒绝面对生活的黑暗面，意味着相比于未来的可能性，我们更看重眼前的利益。它根本不会保护我们或提升我们。要实现更美好的未来，唯一的方法是面对现实，无论多么痛苦，我们都要放弃顽固不化，放弃自私的自我，将真相放在首位。如果我们否认现实的本质，就等于否认了未来的成长。

虽然"自我"的有些表现会让我们变得自负,但另一些表现则使我们变得自卑,让我们觉得自己不配获得任何东西,或者让我们感觉自己比现实的"自我"更不堪。我曾经历过一段暗无天日的抑郁时光,在那段日子里,一种扭曲的自我意识让我相信,保持情绪上的麻木是最安全的选择。我只看到了自己的弱点,却忽视了自己的优势。我看不到现实,这样就扭曲或削弱了我对自我的认识和对现实的感知,从而让我对现实的控制力降到最低。这样一来,"自我"除了意味着傲慢,还意味着自卑。

这两种极端心理都十分危险,在行为表现上同样不切实际。

真正的"自我"意味着,我们坦然承认自己既是存在的,又是虚无的。这种认知能让我们找到平衡,既可认识到自身的奇迹所在,也能拥抱自己的缺点和不完美,接受自己能力有限。无论其中任何一点被扭曲,我们都会寻求"自我"的舒适区,而非选择妥协。

妥协是一种积极的选择,让我们不再逼迫自己去掌控所有事,让我们能够改变对自己、对环境及对未来的执念。

沉没成本和对现状的扭曲

有一次，我看到继父一脸愁苦地端着一份鱼饼坐在餐桌旁，那是我这辈子遇到过的最难闻的鱼饼。他每吃一口看起来都很痛苦。我问他在做什么，他回答说："既然我买了这个饼，就不能浪费。"更离谱的是，这个饼的售价约为 50 美分。

我们是否经常觉得，即使一件事失去了它存在的价值，也应该从投入的时间和金钱中获得价值？不仅仅是鱼饼，对于信念、个人投资及项目来说，也是一样的道理。公司在失败的项目中投入了数千美元，有时甚至是数百万美元，还要继续投资，这么做其实都是因为害怕已经投入的资金被沉没。

行为经济学家将这种行为称为沉没成本谬误。[1] 当我们继续展开超出其价值的行动或计划时，通常是因为舍不得之前投入的时间、金钱或努力。

卡内基梅隆大学泰珀商学院（Carnegie Mellon Tepper School of Business）营销学副教授克里斯托弗·奥利沃拉（Christopher Olivola）

---

[1] 杰米·杜查姆（Jamie Ducharme），《沉没成本谬误正在通过这种方式毁掉你的决定》(The Sunk Cost Fallacy is Ruining Your Decisions. Here's How)，《时代》杂志，2018 年 7 月。

进行了一系列实验，旨在衡量沉没成本会在多大程度上影响我们做出假设性决策。[1] 他说："通过实验结果我们确定，不管是个人还是组织，沉没成本几乎存在于所有方面，而且都会产生影响。"

在其中一项实验中，奥利沃拉让人们进行假设，如果他们需要在同一个周末安排两场旅行——一场前往蒙特利尔，另一场前往坎昆，他们会做何选择。他们被告知其中一场旅行需要花费 200 美元，而另一场旅行需要花费 800 美元后，他们即使更喜欢花费较为便宜的目的地，也更倾向于选择价格更高的旅行。

在另一项实验中，人们要假设自己在聚餐派对上吃了几口甜腻的蛋糕，然后感觉吃饱了。奥利沃拉告诉一些人，该蛋糕是在当地一家面包店打折购买的，同时告知另一些人，该蛋糕很贵，路上耗时将近一小时才从店家那里买来的。他还让一部分人假设蛋糕是自己购买的，让另一部分人想象蛋糕是别人带来的。然后他问所有人：即便你此刻已经很饱了，是否仍会选择继续把蛋糕吃完？不管是谁"买"了这块不存在的蛋糕，即使参与者已经吃饱了，他们也都更倾向于说自己会继续吃昂贵的蛋糕，而非便宜的蛋糕。

我们拥有两种内在机制，一种要求我们试着从事物中获得最大的价值，另一种让我们尽可能避免损失。当这两种机制同时生效时，我们就会陷入沉没成本谬误。我们会竭尽所能地避免让已经投资的东西发生损失，即便这样做造成的损失比妥协和重新开始带来的损失更大，我们也会做这样的选择。

---

[1] 杰米·杜查姆，《沉没成本谬误正在通过这种方式毁掉你的决定》，《时代》杂志，2018 年 7 月。

即使它不会再给我们带来收益,我们也会坚持下去,仅仅是因为我们在过去付出了很多,尽管投资不高。然而,当我们执着于过去时,很可能会错过现在的机会和未来的可能性。

从更深层次上讲,我们可能只是害怕承认之前的失误。我们拒绝处理一段关系中早已僵化的问题,虽然我们不被爱也不快乐,但也不想做出另一种选择。我们自卑、沮丧、上瘾、心痛、失望、充满疑虑,还有着无法愈合的伤口,掩饰着自己内心的秘密和冲突,日复一日地与之斗争,却一遍又一遍地说"我很好",沿着多年来遵循的那条道路持续前行。

我们在一件事情上投入的情绪越多,就越难放弃。一旦我们全心全意地投入一件事,就不愿意承认是时候该进入下一个阶段了。我们想挽回面子,相信做这件事会有回报,不是因为它本身对我们产生了什么影响,而是因为我们为它投入了什么。

从本质上讲,这就是"自我"。这是一种对现实的扭曲看法:我们会相信,继续做已经做过的事,会收获已经获得的成果之外的成果。

相反,妥协要求我们承认自己并没有获得所有的答案,我们仍需要获得帮助。

如果市场发生波动、监管政策发生变化或出现混乱,不适应新形势的企业将无法走得更远。这同样适用于我们的生活。生活在不停地发生变化,它会带我们走上一条我们无法准确做出规划的道路。向现实妥协可以节省我们的时间、精力和资源,可以拯救我们的内心、灵魂和自我——但是矛盾的是,我们必须先放下自我。

> 妥协不是放弃未来,而是放下幻想。

第 10 章
主动妥协的勇气

练习妥协

我们如何在满足现状的同时朝着目标前行呢？是不是感觉这很矛盾？其实不然。这本身就是一个悖论，就像我们必须先分解肌肉才能增强肌肉，或者必须先向下挥动高尔夫球杆才能把球打到上空，或者必须先远离篮筐才能打板投篮一样。

在我们锻造自己的过程中，一些美好品质自身的矛盾也会显现出来。急切常与耐心相伴，对已知事物的追求支撑着我们对未知事物探索的信念，于是会有一种强烈的渴望，让我们放下过去、妥协于现在，并且为未来努力奋斗。如果我们的愿景值得追求，那么这些品质之间的矛盾就会少得多。

有了明确的目标，我们自然就会放弃一些东西，而抓住另一些东西，会培养一些品质，而磨炼另一些品质。因此，这种平衡需要我们对未来有清晰的愿景，即使这份愿景会随着时间的推移不断变化，我们也必须铭记于心。

维克多·弗兰克尔将成功比作一种幸福的情绪：

> 不要以成功为目标。你越是瞄准它，让它成为一个目标，

你就越会错过它。因为成功和幸福一样,有时候无法追求;你必须随遇而安,成功只是一个人献身于伟大事业的意外副产品,或是一个人向他人妥协而得到的意外之喜。幸福一定会降临,成功也是如此。你必须让它发生。①

妥协会让我们更加接近自己的渴望,通常是因为在我们实现愿景的过程中,它会让我们放弃那些吸引我们注意力的东西。如果我们牢牢抓住问题不放,就会让问题一发不可收拾,尽管这不是我们的本意。

妥协不是放弃未来,而是放下我们的幻想。彻底接受现实,包括接受现实中的一切挫折,这是走出痛点的唯一途径。彻底接受现实也意味着放弃掌控一切的念头,正是这样我们才能将掌控的重点放在自己身上。

承认自己的错误,接受自己的不完美,会让我们放下自我,宽容和道歉会让我们放下过去,满足会让我们放下攀比。我们要做的是满怀奉献之心、谦逊之心和感激之心。

---

① 维克多·弗兰克尔,《人类对意义的探索》(*Man's Search for Meaning*),最初出版于1946年,灯塔出版社,2006年。

快乐的小偷和妥协的敌人

天文学家早在很久之前就提出,人类通过肉眼可以在黑暗中看到大约 5000 颗恒星,可以在明亮的街道上看到大约 100 颗恒星。但澳大利亚天文学家通过望远镜测量了宇宙中某一区域内所有星系的亮度,然后计算出该空间中恒星的确切数量。之后,在悉尼举行的国际天文学联合大会(the International Astronomical Union Conference)上,他们展示了自己的计算结果——76 万亿,也就是 76 后面加 12 个 0。[1]

相比之下,太空中恒星的数量比地球上所有海滩和沙漠中沙砾的数量加起来还要多,而这只是我们用目前的望远镜所能看到的那部分。

仔细感受一下这个不可估量的数字,如果其中许多恒星会像我们的太阳一样有行星围绕,那么宇宙的大小就完全无法想象了。

如今,在无限的时间和空间中存在着无数颗星球,我们每个人都是这些星球上一个渺小的生命。想到这些会让我们感到卑微,对吧?我们会觉得自己无法与星球做比较。那么,如果我们和同事、邻居及行业内的领导者进行比较,同样会感到自己远远比不上他们。

---

[1] 安德鲁·克雷格(Andrew Craig),《天文学家数星星》(*Astronomers Count the Stars*),BBC 新闻,2003 年 7 月。

可是，我们也很了不起，不是吗？

我的儿子出现肾病综合征之前，我从来没有想过他的肾或我的肾会出问题。肾脏其实始终在默默清理着我们的身体。在注意到它出问题之前，你最后一次有意识地感激自己的肾脏是在什么时候？此外，你最后一次有意识地感激自己的肝脏、脾脏和胰腺等器官是在什么时候？通常情况下，如果没有突如其来的疾病或长期存在的慢性疾病，我们会把拥有健康的身体视为理所当然，不会把它当作生命的奇迹。

每一款新推出的相机，都不如我们眼睛的自动对焦功能强大。每买一辆新车，我们都会得意扬扬，但新车终会出现划痕和凹痕，可是我们的皮肤和骨骼很容易自愈。人体的构造简直不可思议。

生命就在你跳动的心脏里，在你战胜了几百万个小蝌蚪的概率中，在那些由同样战胜了几百万个小蝌蚪的先祖们会聚成的家族成员中。即使我们一无所有，只有身边的人爱我们，我们的存在也是奇迹，是无数奇迹的顶峰。

相互比较只会让我们关注自己的缺点，认为自己一无是处，而不会心怀希望，但同时我们忽视了自己拥有一切。然而，就像快乐和痛苦是同一个事物的两个方面一样，只有接受"我们既是虚无的，又是存在的"这一悖论，我们才能做出改变。

我们需要把自己和他人都看作纯粹、美味的甜点，被精致地包裹在不完美和脆弱之中，然后冷静地看着那些比较和不安全感消失。

我们要解放自我，达到新的高度，也要帮助他人这样做。这样，我们就可以放下对控制的过度需求，感受更平静的内心。我们要学会勇敢地放弃幻想，塑造一个更加光明的未来。毕竟，更和平的现在和更光明的未来肯定是值得感激的事情。

感激世界会促进我们做出改变，对未来充满期待会加速我们做出改变，良好的品格有助于我们更好地实现改变，这些都确保了人生路上的困难不会阻碍我们进步。

不必害怕失去

看最喜欢的动画片时，我那几个年龄较小的孩子最喜欢跳上我的床，抱着我看。他们都想把头靠在我的手臂上，我会把胳膊伸开，让他们依偎在我的怀里。甚至我们家的狗也会加入进来，在我的腿上找一个位置趴着。我认为这是我一天中最有意义的时刻之一，而且令我高兴的是，这样的场景经常发生。

如果要问在我的生活中有什么成功值得炫耀，那就是我与孩子们的关系。我爱我的孩子们，人类的任何表达方式都无法表现这份爱。

可是，尽管有坚实的基础、亲密的关系、美好的回忆和快乐的时光，也有支持和奉献及沉甸甸的爱，我最害怕的还是与孩子们的关系会发生破裂，就像我和我父亲那样，一直到今天我依旧这么想。当然，这并不是必要的，但正是这种恐惧的存在，让我更加努力。过去的经历让我对"失去"产生了莫名的恐惧感。

丹尼尔·卡尼曼（Daniel Kahneman）在《思考，快与慢》(*Thinking, Fast and Slow*)一书中解释道，所有的决定都包含对于未来的不确定性。因此，为了应对这一点，人类的大脑已经进化出了一种自动的、无意识的系统，以保护自己不受潜在损失的影响。我们的默认设置变成了重视损失，而放弃了对未来潜在收益的关注。我们天生倾向于这样的选择。对此，他这样写道：

"比起最大化地利用机会，生物界都更希望能避免威胁，而这种倾向会在我们的基因中传递下去。慢慢地，避免失去已经成为我们更加强大的动力，而不是渴望获得。只要有一线可能，我们都会尽量避免任何形式的损失，我们终究无法平等地看待损失与收益之间的关系。"[1]

所以，我们需要多花点时间在损失和收益之间找到平衡。一直以来，我们都面临着威胁和机会，但过去的威胁不足以掩盖我们现在的机会。

---

[1] 丹尼尔·卡尼曼，《思考，快与慢》，FSG 出版社，2011 年。

妥协的喜悦

维克多·弗兰克尔曾说,存在主义的中心思想是"活着就是受苦,活着就是在困难中寻找意义"。我想补充一点,茁壮成长就是在意义中寻找快乐。在生活中,我们会受苦。在生存中,我们会找到意义。在发现意义的过程中,我们会茁壮成长。

在成长过程中,妥协需要巨大的勇气。

痛苦始终存在。当我们面对自己的痛点时,会发现潜在的错误、未知的痛苦和隐藏的困难。但我们注定要怀揣信念前行,挣脱过去的束缚,坚定地憧憬未来。我们遵守纪律,获得智慧,被爱包围,磨炼耐心。我们是一座相互之间有联系的花园,有着时间和机遇的印记,在困难中成长,在逆境中接受磨炼。我们每个人都有弱点,但作为一个集体,我们非常强大。每个人都是不完美的,但作为一个集体,我们可以互补。

我们是幸福与不幸的矛盾体,这是一个永恒的真理。

不可思议的自我

在这本书中最后一次审视一下自己的内心——诚实地面对自己，面对自己所有的优点和缺点，并欣赏它们。你是一个奇迹般的存在，生长在美好的环境中。生命中还有很多快乐等着你去了解与分享。

问一问自己以下几个问题：

我有哪些幻想？

我怎样才能放下幻想？

我如何从放下伪装、直面痛点中获得更大的能量？

如果这样做会让我觉得自己很脆弱——那么我该如何应对呢？

在我取得的或大或小的成就中，有哪些能够激励我前行？

如果我需要更多的力量，我可以向谁求助？

在这个过程中，我又能帮助谁？

结语

隐藏的真相中包含看得见的力量。

地球上最大的生物体分布在犹他州的鱼湖国家森林公园（Utah's Fishlake National Forest）里。该生物体占地43.6公顷，重近6000吨，如果不用专业仪器观测，可能都无法看清它的全貌。它就是潘多树，一片由基因相同的树木组成的森林，其中包含了4万多根树干，这些树干都有同一个根系。从树木的年轮看，每棵树干平均寿命为130年，而整片森林据称有8万多年的历史。

一片由一棵树组成的森林，由于其相互连接的根系力量，它成了地球上最大、最古老的生物体。

能成为这片森林中的一棵树苗该有多幸福啊！因为在它的成长过程中，发达的根系会为它提供保护和保障。而生长在这片森林外围的树干，不仅要向外延伸，还要扎根于这片已经存在了8万年的土地。

我在想，如果我们能更好地理解人类之间相互联结的根，将会获得怎样的成长。

如果人类的枝干能感受到其他70亿个分支所提供的培育和支持，我们将会变得多么强大？如果我们认为自己是地球上最大生物的一部分，我们的视野会得到怎样的拓展？如果我们不只把历史理解为自身过往的经历，而是把它的根源追溯到几千年前，我们将获得怎样的智慧？

潘多树本身就是一个古老与新生共存的矛盾体。我们作为扎根于人类历史深处的新一代枝干也是如此。我们这一代人必须看得更远，因为我们站在巨人的肩膀上。我们每一个人都通过无形的线与成千上万的人联系在一起，同时，他人也在通过这些"线"彼此进行联系。

全人类是紧密相联的，这是我们生命力量的根基，任何一个只顾自己不顾他人的人，都有可能会切断这一根基。

我们可以在谦逊的品质中获得提升，可以在为他人奉献的过程中及在共同赋能中获得成长，与之相比，单个人的力量就显得微不足道了，这就是为什么每一种品质都告诫我们与周围的人进行联系。

如果只是单一地践行这些品质，带来的好处是有限的，因为只有当我们以谦逊的态度——而非优越的态度——与他人分享时，我们才会彻底改变，才会重新融入人类群体所应有的品质和力量中。

> 他意识到自己不只是一朵浪花，而是整个宽广的海洋。
> ——金·凯瑞（Jim Carrey），《罗兰如何翻滚》（*How Roland Rolls*）

接受悖论

即使是现在,在听我花了几个小时分析逆境的好处后,如果我能给你提供一种没有压力的生活,出于人性,你也会欣然接受。我与大家一样,我们现在比以往任何时候都更有压力,也因此感到疲倦乏力。我们天生就会逃避压力,把挫折视作失败之举,想控制不属于我们的东西,指望着不努力就能暂缓压力。

然而,另一个悖论在于,这种特殊的压力产生于我们想要根除消极情绪的念头,而非产生于我们讨厌的环境。我们越是试图消除压力或焦虑,就越会助长这种情绪。但我们既需要困难之井,也需要欢乐之水,这样才能茁壮成长。

有了冬天,我们才会感激春天。有了疾病,我们才懂得珍惜健康。有了死亡,我们才懂得珍惜生命。对立的两方并没有彼此争斗,而是紧密地联系在一起,它们是同一枚硬币的两面,缺一不可。

接受困难会赋予我们力量,而抵抗困难则会削弱我们的力量。

在生活中,我们通常在劣势中获得优势,从而收获成长。当我们不再刻意地追求快乐时，就会获得快乐。我们给予所处的环境什么样的回应，就会把自己塑造成什么样，而非通过斗争来定义自己。为此，我们必须接受困难对生活的影响，同时专注于发现意义和目标带给我们的快乐。

好好体验生命中的不同时期

成长非常缓慢,这对地球上的生命来说,是件不幸的事。有时,树枝光秃秃的,空气也很冷,似乎什么都没有发生。但正是这种安静的成长,平衡着得失,培养出了几乎可以忍受一切的力量。

大部分生命都是如此,但不是所有生命都如此。令人悲伤的是,潘多树正在消亡。

在 20 世纪初,人类大肆捕猎该地区的肉食动物,如熊、狼和美洲狮等。随着食物链顶端肉食动物的减少,草食动物的数量有所增长,它们正在破坏森林中幼苗的生长。

听起来很有趣,对吧?缺乏对草食动物的制约会影响森林的生长。不仅仅是自然界,在我们的生活中也是如此:缺乏挫折和逆境会带来一种消极的影响,不利于我们成长和实现目标。

我们需要肉食动物和草食动物,需要夏天和冬天——平衡才是终极目标。如果我们过度倾向于忍受困难,或者沉迷于想象中无忧无虑的生活,那么个人的成长就会受到破坏。没有了斗争,森林便开始走向消亡。

平衡不是一种已经达到的状态,而是一个不断努力的过程。这是一个积极的过程，我们会在循环往复中向前，奉献的同时又在不断索取，它会让一切都处于可控制的范围内，也会让我们注意到曾经被忽略的东西。因此，悖论之所以存在，或许正是因为我们需要它们进行彼此对抗，而我们也需要通过对抗来获得改变的力量。

无论我们是一颗被埋在土里的种子、一棵经受风暴的小树，还是一棵根基不稳的大树，我们都需要成长，都需要把握住悖论，实现平衡。但与困难相对的是，纯粹的激情和漫长的生长过程将赋予我们力量。我们会成长为更好的自己——有远见、有信念、持之以恒、保持自律、终身学习。能够主宰自己思想和情绪的人，也能主宰自己的命运。

这些品质改变了我们，让我们在逆境中扎根，在耐心和谦逊中茁壮成长，我们所有的一切都改变了。我们的行为更加妥帖，思考更加深入，目标更加合理，情绪控制更加到位。我们会更好地为他人奉献，更好地去爱他人。作为人类庞大根系的一部分，这些变化也会潜移默化地影响我们的生活。

帮助别人就是在帮助自己，教导别人能更好地教育自己，照顾别人的创伤可以治愈自己的创伤。为他人奉献，可以让我们成为更伟大的自己，让我们的根延伸到更远的地方，也让我们变得更加成熟稳重、强壮有力，成为地球上最伟大的生命奇迹的一部分。

只要我们联合起来，即使是生活中最猛烈的风暴，我们也能坚强地面对。只要我们联合起来，一切就会变得超乎想象。只要我们联合起来，就会有更坚定的信念、更长远的梦想、更大的希望、更多的爱及更美好的未来——而这一切，我们都必须从自己做起。

我们比我们现在认知的自己更加强大。

我们所拥有的资源和力量多于自己的想象。

我们不仅仅是森林中的一条枝干,还是这个美丽宇宙中的一个矛盾体。

我们就是森林。

后记

需要我们思考的 30 个悖论

1. 你越想给别人留下深刻的印象，别人就对你越没印象。
2. 正如苏格拉底所说："我之所以聪慧，是因为我知道自己很无知。"
3. 你越爱自己，别人就越不爱你——但你也需要爱自己，这样别人才会爱你。
4. 失败越多，成功就越多。
5. 你越努力，事情就会变得越容易。
6. 选择越多，幸福越少。
7. 我们经常需要为和平而战。
8. 生活中唯一的不变就是改变。
9. 时间可以治愈一切伤痛，但时间似乎也会伤害一切创伤。(好吧，这更像是在玩一场文字游戏！)
10. 我们一无所有，也拥有一切。
11. 你需要关爱别人，别人才会关爱你。
12. 对幸福追求得越少，得到幸福的机会就越大。
13. 越追求成功，成功就离我们越远。

14. 遭受的困难越多，能体验到的快乐也就越多。

15. 最伟大的领袖是最伟大的仆人。

16. 帮助别人能减轻自己的负担。

17. 教是学的一种形式。

18. 越需要别人，别人就越不被我们吸引。

19. 承认弱点也能获得力量。

20. 如果想快乐，既要追求进步，也要满足于现状。

21. 如果想变得优秀，既要急迫地工作，也要对过程保持耐心。

22. 如果想得到成长，既要更加相信自己，也要认识到自己的虚无。

23. 如果想相信未来，既要对未来有一个清晰的愿景，也要明白未来不能掌控。

24. 要抱着"万事依赖于我"的态度去工作，同时也要明白，这么做并不是为了获得最好的结果。

25. 每个人都有优点和缺点。

26. 从数字上看，你可能是万里挑一，但同时还有 7000 个和你一样的人。

27. 我们都是独一无二的个体，同时彼此之间又相互关联。

28. 试图消除压力只会产生更多的压力。

29. 只有生病了才会珍惜健康，生与死亦是如此。

30. 自身拥有谦逊和认识到自己的谦逊是无法共存的。

致谢

在我创作本书的过程中，离不开许多人的帮助。在这里，我要向这些人公开表示我衷心的感谢。如果没有他们的支持和帮助，我不可能完成本书，也不会有如此愉快的经历。

首先，我要感谢我的妻子金。你花费了无数宝贵的时间帮助我进行研究和写作，最终出版了本书。你的无私是我最珍贵的礼物。我非常感谢。感谢你阅读本书的文稿并给予了坦诚的反馈。对于本书的出版，我的孩子们也极其兴奋，他们坚信这本书会带来不小的影响，这同样极大地鼓舞了我。非常感谢你们的信任！

感谢利亚·诺塔里安尼（Leah Notarianni）和巴基·欧尼尔（Bucky O'Neill）在一开始鼓励我去表达自己内心的想法。如果没有他们的督促，本书可能还只存在于我的大脑中，晦涩而不成文。还有，非常感谢利亚把我介绍给J.T.麦考密克（J.T.McCormick）。虽然这对你来说也许是个小忙，但对我来说足以改变我的人生轨迹。谢谢！

我要感谢J.T.尊重我的故事，也谢谢你对我的故事的认可，尤其感谢你最终同意出版本书。整个出版团队都非常出色，非常专业。我很享受与贵团队合作的每一个环节。

还要感谢在我的职业生涯中所有为本书提供实际案例的人，他们是彼得·斯特里多姆（Peter Strydom）、马克·贝德维登（Mark

Beiderwieden)、弗兰克·范德斯鲁特（Frank VanderSloot）、拉里·博德海恩（Larry Bodhaine）及理查德·温伍德（Richard Winwood），感谢你们！你们的领导力令我十分钦佩，能与诸位共事，我深感荣幸，自己也因此而变得更加优秀。你们的事例为本书增添了价值。

感谢我在尼克肯（Nikken）的所有朋友和同事。我必须克制一下自己，不要轻易提起你们的名字。因为我需要感谢的人太多了，我不想落下任何一个人。乐于助人的品质在本书中获得了充分阐述，我希望你们可以看到。感谢你们每一个人的信任、鼓励、支持和帮助。

感谢卡隆·凯利（Caron Kelly），当我感到极度痛苦时，是你陪伴我一起挺过来的，是你拯救了我。谢谢！本书在很大程度上展现了你对我的帮助，展现了我从中学到的经验和教训，我相信这一旅程还远未结束。感谢克里斯·贝里（Chris Berry），你让我明白要一直奋斗下去，你为本书增添了色彩。感谢安迪·巴特沃斯为本书提供了一个亲身范例，谢谢！

感谢所有工作人员，辛苦你们多次阅读我的样稿、及时给出相应的反馈并进行大量的编辑和修改，在你们的帮助下，这部作品才得以完成。非常感谢各位所做的一切！

感谢布兰南·瑟拉特（Brannan Sirratt），你是我创作本书时最好的搭档。你的专业精神，对本书的热爱、信任、热情，以及你的经验、才华让我感受到了完成本书是一种无以言表的乐趣。

最后，还要谢谢我的老朋友——挫折，你是我最伟大的老师。

关于作者

本·伍德沃德（Ben Woodward）曾多次经历家庭创伤和企业危机，长期受病痛折磨，他从中总结经验，形成了深刻的洞察力，主管某家数十亿美元规模的公司，成为跨国公司的全球总裁。他曾担任行业协会的理事，并以主题演讲家、领导者、企业家的身份访问过 30 多个国家。最重要的是，他与妻子金女士和 7 个漂亮的孩子一起享受着美好的家庭生活。